Numerische Gestaltoptimierung von Kaltmassivumformwerkzeugen auf Basis eines dreidimensionalen Modells der Werkstück-Werkzeug-Maschinen-Interaktionen

Von der Fakultät für Maschinenwesen
der Rheinisch-Westfälischen Technischen Hochschule Aachen
zur Erlangung des akademischen Grades eines
Doktors der Ingenieurwissenschaften
genehmigte Dissertation

vorgelegt von

Fabian Schongen

Berichter:

Univ.-Prof. Dr.-Ing. Dr.-Ing. E. h. Dr. h. c. Dr. h. c. Fritz Klocke
Univ.-Prof. Dr.-Ing. habil. Dipl.-Math. Birgit Awiszus

Tag der mündlichen Prüfung: 19. August 2015

ERGEBNISSE AUS DER PRODUKTIONSTECHNIK

Fabian Schongen

Numerische Gestaltoptimierung von Kaltmassivumformwerkzeugen auf Basis eines dreidimensionalen Modells der Werkstück-Werkzeug-Maschinen-Interaktionen

Herausgeber:
Prof. Dr.-Ing. Dr.-Ing. E. h. Dr. h. c. Dr. h. c. F. Klocke
Prof. Dr.-Ing. Dipl.-Wirt. Ing. G. Schuh
Prof. Dr.-Ing. C. Brecher
Prof. Dr.-Ing. R. H. Schmitt

Band 35/2015

Bibliografische Information der Deutschen Nationalbibliothek
Die Deutsche Nationalbibliothek verzeichnet diese Publikation in der Deutschen Nationalbibliografie; detaillierte bibliografische Daten sind im Internet über http://dnb.ddb.de abrufbar.

Fabian Schongen:

Numerische Gestaltoptimierung von Kaltmassivumformwerkzeugen auf Basis eines dreidimensionalen Modells der Werkstück-Werkzeug-Maschinen-Interaktionen

1. Auflage, 2015

Gedruckt auf holz- und säurefreiem Papier, 100% chlorfrei gebleicht.

Apprimus Verlag, Aachen, 2015
Wissenschaftsverlag des Instituts für Industriekommunikation und Fachmedien an der RWTH Aachen
Steinbachstr. 25, 52074 Aachen
Internet: www.apprimus-verlag.de, E-Mail: info@apprimus-verlag.de

Printed in Germany

ISBN 978-3-86359-354-4

D 82 (Diss. RWTH Aachen University, 2015)

meinem Großvater
Walter Schongen
gewidmet

Vorwort und Danksagung

Preamble and Acknowledgment

Die vorliegende Arbeit entstand während meiner Tätigkeit als wissenschaftlicher Mitarbeiter am Werkzeugmaschinenlabor WZL der Rheinisch-Westfälischen Technischen Hochschule Aachen.

Herrn Prof. Dr.-Ing. Dr.-Ing. E.h. Dr. h.c. Dr. h.c. Fritz Klocke, Inhaber des Lehrstuhls für Technologie der Fertigungsverfahren, danke ich herzlich für die fachliche und persönliche Förderung, die stetige Unterstützung meiner Tätigkeit sowie seine motivierende und wohlwollende Führung.

Weiterhin gilt mein Dank Frau Prof. Dr.-Ing. habil. Dipl.-Math. Birgit Awiszus, Leiterin des Lehrstuhls für Virtuelle Fertigungstechnik ViF am Institut für Werkzeugmaschinen und Produktionsprozesse IWP der Technischen Universität Chemnitz, für die eingehende Durchsicht des Manuskripts und die Übernahme des Koreferats. Herrn Prof. Dr.-Ing. Dr. h.c. Burkhard Corves, Leiter des Instituts für Getriebetechnik und Maschinendynamik IGM der RWTH Aachen, danke ich für die Übernahme des Prüfungsvorsitzes.

Die Deutsche Forschungsgemeinschaft DFG hat einen großen Teil der zugrundeliegenden Forschungsarbeiten im Rahmen des interdisziplinären Forschungsprojekts „Effiziente numerische Methoden zur Werkzeugoptimierung in der Kaltmassivumformung“ gefördert. Hierfür möchte ich mich herzlich bei der DFG und ihren Mitarbeiterinnen und Mitarbeitern bedanken.

Dank sage ich ebenfalls meinen Projektpartnern Prof. Dr. Sergej Rjasanow, Dr. Richards Grzibovskis und Dr. Marvin Fleck vom Institut für Angewandte Mathematik der Universität des Saarlandes für die sehr gute Zusammenarbeit bei der Entwicklung der in dieser Arbeit vorgestellten numerischen Simulationsmethoden.

Meinen studentischen Mitarbeiterinnen und Mitarbeitern Mubarik Ahmad, Alyona Barkalova, Jan Lübke, Caroline Semerak und Anika Sharma sowie allen Mini Thesis, Projekt-, Bachelor- und Masterarbeiterinnen und -arbeitern danke ich für ihren Anteil an der Erstellung dieser Arbeit. Meinen derzeitigen und ehemaligen Kolleginnen und Kollegen am Werkzeugmaschinenlabor WZL der RWTH Aachen sowie am Fraunhofer-Institut für Produktionstechnologie IPT danke ich für die zahlreichen anregenden Diskussionen und Ratschläge. Mein ganz besonderer Dank gilt dabei meinen Kollegen aus der Gruppe Umformende Fertigungsverfahren. Insbesondere Dr.-Ing. Patrick Mattfeld und Daniel Trauth für die Unterstützung bei der Erstellung dieser Arbeit und ihre Bereitschaft die Arbeit kritisch durchzusehen, Dr.-Ing. Andreas Feuerhack, Michael Terhorst und Anton Shirobokov für die anregenden fachlichen Diskussionen sowie für ihr Engagement, Teile der Arbeit detailliert zu prüfen. Ich danke ebenfalls Thomas Kokott und Marco Tannert für ihre Unterstützung bei der Durchführung der experimentellen Versuche.

Meiner Familie und insbesondere meinen Eltern Thomas und Lydia Schongen möchte ich an dieser Stelle meinen ganz persönlichen Dank dafür aussprechen, dass sie mir meine Ausbildung und meinen beruflichen Werdegang ermöglicht und mir stets begleitend und unterstützend zur Seite gestanden haben.

Abschließend danke ich von ganzem Herzen dir, Carola, für deine ständige Unterstützung, deine ausdauernde Motivation während der Dissertationserstellung sowie für die sprachliche Durchsicht der Arbeit.

Kempen, im August 2015

Fabian Schongen

Inhaltsverzeichnis

Table of contents

Formelzeichen und Abkürzungen

Symbols and abbreviations

Formelzeichen

Formelzeichen	Einheit	Beschreibung
a	mm	Messgitterlänge
b_1	mm	Breite Messgitter 1
b_2	mm	Breite Messgitter 2
c	mm	Höhe Messgitterträger
c_K	kNm/(mm/m)	Kippsteifigkeit
c_Z	kN/mm	Pressensteifigkeit in Arbeitsrichtung
d	mm	Breite Messgitterträger
g	-	Optimierungsrestriktion
h	mm	Werkstückhöhe
h_{Hinten}	mm	Werkstückhöhe Hinten
h_{Links}	mm	Werkstückhöhe Links
h_{Mitte}	mm	Werkstückhöhe Mitte
h_{Rechts}	mm	Werkstückhöhe Rechts
h_{Vorne}	mm	Werkstückhöhe Vorne
k	MPa	Schubfließgrenze
k_a	mm/m	Anfangskippung
k_{el}	mm/m	elastische Kippung
k_f	MPa	Fließspannung
k_{ges}	mm/m	Gesamtkippung
l_{mX}	mm	Abstand Wegaufnehmer in X-Richtung
l_{mY}	mm	Abstand Wegaufnehmer in Y-Richtung
m_1	-	Plastischer Materialparameter
m_2	-	Plastischer Materialparameter
m_3	-	Plastischer Materialparameter
m_4	-	Plastischer Materialparameter
p_{Arm}	MPa	Armierungsdruckbelastung

p	mm	Abstand des Pseudorands
q_{BEM}	N	BEM Kraft
r	mm	Knotenverschiebung
s	mm	Stempelweg
t	s	Zeit
t_{BEM}	N/mm	Traktion
t_p	s	Prozesszeit
u	mm	Verschiebung
ur	°	Rotation
u_R	mm	Radiale Verschiebung
v_{aZ}	mm	Anfangsverlagerung
v_{elZ}	mm	Summe der elastischen Verformungen
v_{gesZ}	mm	Gesamte Verlagerung
v_X	mm/s	Geschwindigkeit in X-Richtung
v_Z	mm	Verlagerung
w	-	Spezifischer Gewichtungsfaktor
x	-	Designvariable
A	-	Plastischer Materialparameter
A_5	-	Bruchdehnung
D	Ns/m	Dämpfungsmatrix
E	MPa	Elastizitätsmodul
F	N	Kraft
F_p	kN	Prozesskraft
F_Z	kN	Belastungskraft in Z-Richtung
K	N/m	Gesamtsteifigkeitsmatrix
M	kg	Massenmatrix
M_A	kNm	Belastungsmoment um die X-Achse
M_B	kNm	Belastungsmoment um die Y-Achse
M_{zul}	kNm	Zulässiges Belastungsmoment
R	mm	Radius
R_e	MPa	Streckgrenze
R_m	MPa	Zugfestigkeit

U	-	Zustandsgröße
V	mm^3	Volumenmatrix
Z	-	Einschnürung
δ	-	Optimierungsgröße
δ_{ref}	-	Referenzwert der Optimierungsgröße
ε	-	Radiale Dehnung
ε_{el}	-	elastische Dehnung
ε_{pl}	-	plastische Dehnung
ϑ	°C	Temperatur
μ	-	Reibfaktor
ν	-	Querkontraktionszahl
ρ	g/cm^3	Dichte
σ	MPa	Spannung
σ_{Mises}	MPa	von Mises Spannung
σ_N	MPa	Normalspannung
τ_R	MPa	Reibschubspannung
φ	-	Umformgrad
$\dot{\varphi}$	1/s	Umformgeschwindigkeit
Ψ	-	Optimierungsrestriktion
Δl_x	mm	Außermittige Positionierung auf der X-Achse
Δl_y	mm	Außermittige Positionierung auf der Y-Achse
ΔMA	mm	Stößelwegdifferenz
ΔMB	mm	Stößelwegdifferenz
ΔMC	mm	Stößelwegdifferenz
ΔMD	mm	Stößelwegdifferenz
Φ	-	Zielfunktion
$\varnothing_1$	mm	Oberer Schaftdurchmesser
$\varnothing_2$	mm	Kragendurchmesser
$\varnothing_3$	mm	Unterer Schaftdurchmesser

Abkürzungen

Abkürzung	Beschreibung
2D	Zweidimensional
3D	Dreidimensional
ACA	Adaptive Cross Approximation
BEM	Boundary Element Method
C3D4	Continuum 3D 4-node Tetrahedron Element
C3D8R	Continuum 3D 8-node Reduced Integration Brick Element
CAD	Computer Aided Design
cDAQ	Compact Data Acquisition
CO_2	Kohlendioxid
CPU	Central Processing Unit
DIN	Deutsches Institut für Normung
DMS	Dehnungsmessstreifen
FDM	Finite Difference Method
FEM	Finite Element Method
FSM	Fundamental Solution Method
HRC	Härte Rockwell Skala C
IGES	Initial Graphics Exchange Specification
ISO	International Organization for Standardization
IT-Klasse	ISO-Toleranz-Klasse
MoS_2	Molybdändisulfid
NI	National Instruments
S3R	3-node Triangular Shell Element
SQP	Sequential Quadratic Programming
STL	Surface Tesselation Language
VDI	Verein Deutscher Ingenieure

1 Einleitung

Introduction

Der aktuelle Trend zur Entwicklung neuer, ressourceneffizienter Prozesse und der entsprechenden Weiterentwicklung existierender Fertigungstechnologien führt zu neuen Herausforderungen in der Kaltmassivumformung [LIEW11]. Insbesondere durch die 2009 in Kraft getretene Gesetzgebung der Europäischen Union zur systematischen Regulierung der CO_2-Emissionen von Neufahrzeugen gewinnen diese Herausforderungen an Bedeutung. Die durchschnittlichen Emissionen aller im Jahr 2015 in der Europäischen Union zugelassenen Fahrzeuge müssen durch motorentechnische Maßnahmen auf 130 g/km reduziert werden. Eine Einsparung von weiteren 10 g/km soll durch andere technische Mittel erreicht werden. Für das Jahr 2021 haben sich die Automobilhersteller verpflichtet, die durchschnittlichen Emissionen aller Neuzulassungen auf 95 g/km zu senken. Eine deutliche Verringerung des Ressourcenverbrauchs und damit der CO_2-Emissionen kann durch neue Leichtbaulösungen in Form von innovativen, kaltmassivumgeformten Fahrzeugkomponenten aus Stahl erreicht werden. [SEVE14]

Diese technologischen Entwicklungen in der Automobilindustrie erfordern Leichtbauteile mit geringer Masse und hoher Energie- und Werkstoffeffizienz durch Funktionsintegration. Aufgrund dieser Anforderungen werden vermehrt kaltmassivumgeformte Bauteile aus hochfesten Werkstückwerkstoffen und mit komplexen Geometrien produziert [NONE12]. Durch die höhere Werkstofffestigkeit und filigranere Geometrieelemente steigen die Prozesskräfte während des Umformprozesses an. Die steigenden Prozesskräfte führen wiederum zu erhöhten mechanischen Werkzeugbelastungen und infolge dessen zu gesteigerten, elastischen Werkzeug- und Maschinenverformungen. Kaltmassivumformprozesse bewegen sich aus Effizienzgründen an der Belastungsgrenze von Werkzeug- und Werkstückwerkstoff. Leichtbaudesign intensiviert diese bereits existierende Problematik, was in einer signifikanten Reduktion der Produktivität durch verfrühtes Werkzeugversagen aufgrund von Überlast oder Ermüdung resultiert [POEH03]. Die detaillierte und präzise Kenntnis der Entwicklung von mechanischen Werkzeugbelastungen während eines Kaltmassivumformprozesses, z.B. durch numerische Prozesssimulationen, ermöglicht die Reduzierung dieser durch eine belastungsgerechte Auslegung der Werkzeuggeometrie.

Weiterhin resultieren Abweichungen in der Werkstückgeometrie infolge des elastischen Verhaltens von Werkzeug und Maschine. Somit ist meist ein Zerspanprozess im Anschluss an das Umformen zum Erreichen der finalen Geometrie erforderlich. Dies führt zu erhöhten Fertigungskosten. Die Präzisionsumformung von net-shape Bauteilen ist ein vielversprechender Ansatz zur Reduktion von Zerspanoperationen durch eine erhöhte geometrische Genauigkeit [JUN07]. Für die net-shape Fertigung ist allerdings ein systematisches Verständnis über die geometrischen Abhängigkeiten zwischen Maschinenverhalten, dem formgebenden Umformwerkzeug und dem resultierenden Werkstück erforderlich. Die geometrische Genauigkeit hängt insbesondere von den elastischen Verformungen des gesamten Werkzeugsystems und der Maschine sowie der elastischen Rückfederung des Werkstücks ab [LEE02b].

Ressourceneffizienz und Leichtbau stellen somit in der industriellen Praxis der Kaltmassivumformung große Herausforderungen an die Werkzeuge und erschweren die Werkzeugauslegung hinsichtlich einer Maximierung der Werkzeugstandmenge und einer hohen Bauteilgenauigkeit. Das zugrunde liegende wissenschaftliche Problem besteht in der derzeit unzureichenden Erklärung der physikalischen Wechselwirkungen und Ursache-Wirkungs-Zusammenhänge zwischen Werkstück, Werkzeug und Maschine. Weiterhin sind die Effekte der Wechselwirkungen auf die mechanischen Werkzeugbelastungen und damit die resultierende Werkstückgeometrie gegenwärtig nicht umfassend erklärt. Aufgrund der Komplexität der Zusammenhänge sind zur Werkzeugauslegung numerische Methoden sowie die Modellierung aller Werkzeugkomponenten unerlässlich. Derzeit werden meist einzelne Geometrieelemente und ihr Einfluss auf die Werkzeugbelastungen und die Bauteilgeometrie berechnet. In einem iterativen Prozess können diese Geometrielemente anschließend manuell angepasst werden. Dies kann zwar zur Verbesserung einzelner Aspekte führen, eine globale Werkzeugoptimierung kann auf diese Weise jedoch nicht erreicht werden. Grundsätzlich kann ein globales Optimum mit Hilfe von mathematischen Algorithmen berechnet werden. Deren Anwendung zur Optimierung von Werkzeugen weist jedoch derzeit zwei Defizite auf. Erstens wird für die aufwändige Berechnung der Werkzeugbelastungen vor allem die Finite Element Method (FEM) angewandt. Diese Methode erfordert einen hohen Rechenaufwand für die direkte Berechnung der Werkstück-Werkzeug-Interaktion. Dadurch wird aufgrund der hohen Anzahl an Iterationsschritten eine numerische Optimierung ineffizient. Zweitens wird häufig der Maschineneinfluss auf die Werkzeugbelastungen aufgrund der Komplexität und der hohen Rechenzeiten nicht modelliert. Dadurch weisen bereits die Eingangsinformationen für die Optimierung Ungenauigkeiten auf.

Gegenstand dieser Dissertation ist daher die Entwicklung und Erforschung der Anwendung einer zeiteffizienten, numerischen Simulationsmethode, basierend auf einem umfassenden Modellierungsansatz mit dem Ziel der Ermöglichung einer belastungsgerechten Auslegung der Aktivflächengeometrie von Werkzeugen für die Kaltmassivumformung. Der umfassende Ansatz der Prozesssimulation beinhaltet die dreidimensionale Modellierung der Interaktionen zwischen Werkstück, Werkzeug und Maschine. Für die stabile und zeiteffiziente Berechnung von mechanischen Werkzeugbelastungen wird die Anwendbarkeit der bereits existierenden Kombination der numerischen Methoden FEM und Boundary Element Method (BEM) für die Kaltmassivumformung untersucht. Mit dem Ziel der weiteren Steigerung der Zeiteffizienz wird ein Ansatz für die Kombination von FEM und Fundamental Solution Method (FSM) zu einer integrierten FEM/FSM-Simulationsmethodik erforscht. Die zeiteffiziente Berechnung der optimierten Werkzeuggeometrie wird durch Integration der FEM/BEM-Simulationsmethodik in einen numerischen Algorithmus zur Gestaltoptimierung realisiert. Durch die iterative Werkzeuggestaltoptimierung kann zum einen die Werkzeugstandmenge und zum anderen die Werkstückgenauigkeit gesteigert werden.

Introduction

Einleitung

The current trend towards the development of new, resource efficient processes and enhancement of existing manufacturing technologies leads to new challenges in cold forging [LIEW11]. Due to legislation of the European Union for systematic CO_2-emissions regulation of new car models, which took effect in 2009, these challenges gained importance. The average emission of all new cars sold in the European Union in 2015 have to be decreased by means of engine-engineering to 130 g/km and an additional emission-reduction of 10 g/km should be achieved by other technical means. For the year 2021 the automotive industry has committed to reduce the average emissions to 95 g/km. A significant reduction of resource consumption and thus CO_2-emissions can be achieved by new lightweight solutions in terms of innovative, cold forged automotive steel parts. [SEVE14]

These technological developments in automotive industry require lightweight parts with low mass and high energy- and material-efficiency with a high degree of function integration. Due to these requirements the production of cold forged parts from high strength steels and with complex geometries increases [NONE12]. The higher material strength and filigree geometry elements increase the process forces during forming. The higher process forces lead to increasing mechanical tool loads and subsequently increased elastic tool as well as press deformations. Cold forging processes are often realized at the limit of acceptable loads applied to tool and workpiece material due to efficiency reasons. Lightweight design intensifies this already existing complex of problems, which results in a significant productivity reduction by early tool failure caused by overload or fatigue [POEH03]. The detailed and precise knowledge of the mechanical tool load development during a cold forging process, e.g. derived by numerical process simulation, enables their reduction by a load-dependent design of the tool geometry.

Furthermore, deviations of the workpiece geometry result from the elastic tool and machine behavior. Thus, a subsequent machining process after forging is often required to achieve the final geometry, which leads to increased manufacturing costs. Precision cold forging of net-shape parts is a promising approach to reduce machining operations by improved geometrical accuracy [JUN07]. Net-shape manufacturing requires a systematic understanding of the geometrical interactions between the machine behavior, the shaping forging tool and the resulting workpiece geometry. The geometrical accuracy is especially dependent on the elastic deformations of the complete tool system and the machine as well as the elastic springback of the workpiece [LEE02b].

In industrial practice of cold forging resource efficiency and lightweight design lead to big challenges regarding the tools. This complicates the tool design process with regard to a maximization of tool life and increased workpiece accuracy. The underlying scientific problem consists in the currently insufficient explanation of the physical interactions and cause-effect interrelationships between workpiece, tool and machine. Furthermore, an extensive explanation of the effects and interactions on the mechanical tool loads and thus the resulting workpiece geometry is currently missing. Because of the complexity of the interrelationships the use of numerical methods as well as the modeling of all tool components is essential for an adequate tool design. In this context, the usual approach is to calculate the influence of isolated geometric elements on tool loads and workpiece geometry and afterwards perform a manual optimization of these geometry elements by means of an iterative process. While this procedure may improve single aspects, one cannot achieve a global tool optimization based on this strategy. In general, a global optimum can be computed by means of mathematical algorithms. Nevertheless, their use for the optimization of forming tools features two weak points. Firstly, nowadays the extensive computation of tool loads is almost exclusively performed by means of the Finite Element Method (FEM). This method requires high computational effort for the direct computation of tool-workpiece-interactions. The large number of iteration steps required renders the numerical optimization process inefficient. Secondly, due to the complexity and the high computation time one often omits the influence of machine behavior on tool loads. Therefore, the input information for the optimization process already contains significant inaccuracies.

The subject of this dissertation is the development and research of the application of a time-efficient, numerical simulation method based on an extensive model approach with the aim of enabling a load-dependent design of the active surface geometry for cold forging tools. The extensive process simulation approach contains the three-dimensional modeling of the interactions between workpiece, tool and machine. For a stable and time-efficient calculation of mechanical tool loads the applicability of the already existing combination of the numerical methods FEM and Boundary Element Method (BEM) for cold forging is investigated. With the aim of a further increase of time efficiency an approach for the combination of FEM and Fundamental Solution Method (FSM) to an integrated FEM/FSM-simulation methodology is researched. The time-efficient calculation of the optimized tool geometry is realized by an integration of the FEM/BEM-simulation methodology into a numerical shape optimization algorithm. By iterative tool shape optimization the tool life time and the accuracy of the workpiece geometry can be increased.

2 Stand der Erkenntnisse

State of the art

Gegenstand dieser Arbeit sind die Fertigungsverfahren der Kaltmassivumformung und insbesondere das Fließpressen. Zunächst wird daher der Stand der Erkenntnisse bezüglich der Grundlagen dieser Prozesse dargestellt. Anschließend wird ein Überblick über die Prozesssimulation in der Kaltmassivumformung sowie numerische Methoden zur Gestaltoptimierung in der Umformtechnik gegeben.

2.1 Kaltmassivumformung und Fließpressen

Cold forging and extrusion processes

Unter dem Begriff Umformen wird nach DIN 8580 (Deutsches Institut für Normung) das Formgeben eines Bauteils durch bildsames (plastisches) Ändern der Form eines festen Körpers definiert [DIN03a]. Im Gegensatz z.B. zu den zerspanenden Fertigungstechnologien bleibt sowohl die Werkstückmasse als auch der Zusammenhalt vor und nach der Bearbeitung erhalten. FRITZ und SCHULTE stellen fest, dass sich in der industriellen Praxis die Einteilung der Umformverfahren gemäß der geometrischen Form des Rohlings in die Massiv- und Blechumformung durchgesetzt hat [FRIT07]. Bei den Verfahren der Massivumformung erfolgt die Formänderung eines festen Körpers durch die Überlagerung großer Druckspannungen bei teilweise sehr großen örtlichen Querschnitts- und Wanddickenänderungen [LANG88]. HERBERTZ ET AL. zeigen auf, dass die deutsche Massivumformung in Europa bezüglich Produktionsvolumen, Produktivität und Qualität führend ist. In Europa ist Deutschland der Marktführer in diesem Industriebereich und belegt im weltweiten Vergleich den zweiten Platz. Der Massivumformbranche in Deutschland können derzeit ca. 250 Unternehmen zugerechnet werden. Durch die Unternehmen der Branche wurden im Jahr 2012 ca. 2,4 Millionen Tonnen Werkstoff beziehungsweise ca. 2 Milliarden Bauteile massivumgeformt. Dabei wurde ein Produktionswert von 8,2 Milliarden Euro umgesetzt. [HERB13]

Prozesse der Kaltmassivumformung sind dadurch gekennzeichnet, dass die Umformung des Werkstücks bei Raumtemperatur begonnen wird. Es erfolgt folglich vor der Umformung keine Erwärmung von außen, was den Energieaufwand verringert [HIRS01], [LANG08]. Aufgrund der hohen Festigkeit des Werkstückmaterials bei Raumtemperatur resultieren sehr große Prozesskräfte und der Prozess erfordert umzuformende Werkstoffe mit einer ausreichenden Duktilität [TLUS99], [KALP89], [ABKA12]. Die Hauptverfahren der Kaltmassivumformung sind laut KLOCKE und LANGE das Fließpressen, das Stauchen, das Verjüngen und das Abstreckgleitziehen [KLOC06], [LANG88].

Durch Kaltmassivumformung gefertigte Bauteile finden insbesondere in Bereichen Anwendung, in denen raum- und gewichtssparende Konstruktionen mit gesteigerten Ansprüchen an statische sowie dynamische Belastbarkeit bei hohen Sicherheitsanforderungen vorliegen. Die Einsatzgebiete von Kaltmassivumformteilen liegen daher laut HERBERTZ ET AL. vor allem im Automotive-Bereich, in der Luftfahrtindustrie, in der Bahnindustrie, in der Energietechnik, in der Armaturenindustrie sowie dem allgemeinen Maschinenbau. [HERB13] Aus wirtschaftlichen Gründen ist das Ziel von Kaltmassivumformprozessen, Bauteile zu fertigen, welche ohne nachfolgende spanende Bearbeitung direkt einsetzbar sind. Aus dieser Forderung folgt eine enge Tolerierung der geometrischen Abmessungen der Werkzeuge. Durch erfolgreiche Anwendung der Fertigungsverfahren aus dem Bereich Kaltmassivumformung können stabile Prozesse erreicht werden, welche eine hochproduktive Erzeugung belastungsoptimierter Bauteile ermöglichen, siehe Bild 2.1 [HERB13], [KLOC06], [KALP89], [SCHE77].

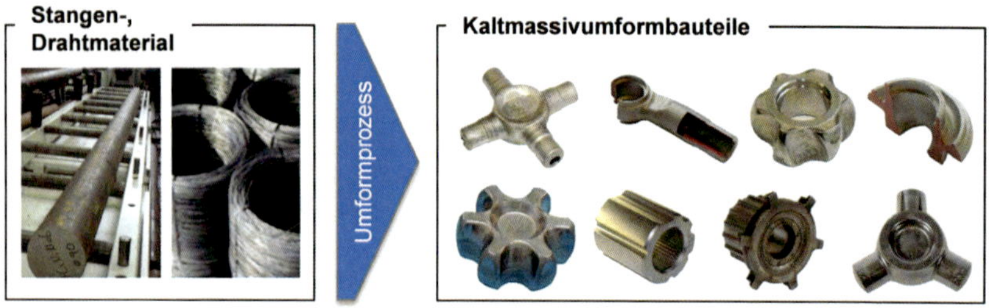

Bild 2.1: Ausgangsmaterial und Auswahl typischer Kaltmassivumformbauteile [GCFG14]
Raw material and selection of typical cold forging workpieces

2.1.1 Verfahrensprinzip und Prozessgrenzen des Fließpressens
Process principles and limits for extrusion

Das Fließpressen gehört aus Sicht von LANGE ET AL. zu den Hauptverfahren der Kaltmassivumformung [LANG08]. Es ist gemäß Definition der DIN 8582 [DIN03b] ein Fertigungsverfahren, welches der Kategorie der Druckumformung zuzuordnen ist und gehört nach DIN 8583 [DIN03c] zur Untergruppe Durchdrücken. Die Bezeichnung Fließpressen bezieht sich KALWEIT ET AL. zufolge auf das Fließverhalten des Werkstoffs während des Prozesses [KALW11]. Das Verfahren ist weiterhin bezüglich der Fließrichtung des umgeformten Werkstoffs und der resultierenden Teilegeometrie definiert. Demzufolge wird bei der Fließrichtung des Werkstoffs mit starrem Werkzeug zwischen Vorwärts-, Rückwärts- und Querfließpressen unterschieden. Jedes dieser Verfahren kann wiederum bezüglich der resultierenden beziehungsweise der Ausgangsgeometrie in das Voll-, Hohl- und Napf-Fließpressen unterteilt werden. [AWIS07], [KLOC06], [SPUR84]

Gemäß AWISZUS ET AL. erfolgt der Werkstofffluss beim Querfließpressen quer zur Stempelbewegung, während die formgebende Werkzeugöffnung im Verlauf des Prozesses unverändert bleibt [AWIS09a], [AWIS07]. Im Prozess wird das Werkstückmaterial über einen Stempel mit Kraft beaufschlagt und, während es durch oder in die formgebende Werkzeugöffnung (Matrize) gedrückt wird, plastisch verformt, siehe Bild 2.2 [HERB13]. Der wesentliche Unterschied zum Stauchen ist aus Sicht von LANGE ET AL., dass während des Pressvorgangs keine Änderung der das Werkstück umschließenden Matrize als formgebende Werkzeugöffnung erfolgt [LANG08]. In der Umformzone treten sehr große Formänderungen auf. Ursache sind laut BUCHMAYR die in alle Raumrichtungen wirkenden Kräfte [BUCH02]. Somit eignen sich für das Fließpressen insbesondere Werkstoffe, die eine geringe Fließspannung und ein hohes Umformvermögen besitzen. Zudem sollten sie ein möglichst homogenes Gefüge und eine geringe Neigung zur Kaltverfestigung aufweisen. WESTKÄMPER ET AL. kommen zu dem Ergebnis, dass der Werkstoff bezüglich der steigenden Umformkräfte bei ausgeprägter Kaltverfestigung ein bedeutsamer Wirtschaftlichkeitsfaktor des Fließpressens ist [WEST10]. Im Automotive-Bereich hat sich gemäß PÖHLANDT die Verwendung des Einsatzstahls 16MnCr5 für z.B. Fahrwerks-, Antriebs- und Radaufhängungsteile durchgesetzt [POEH03].

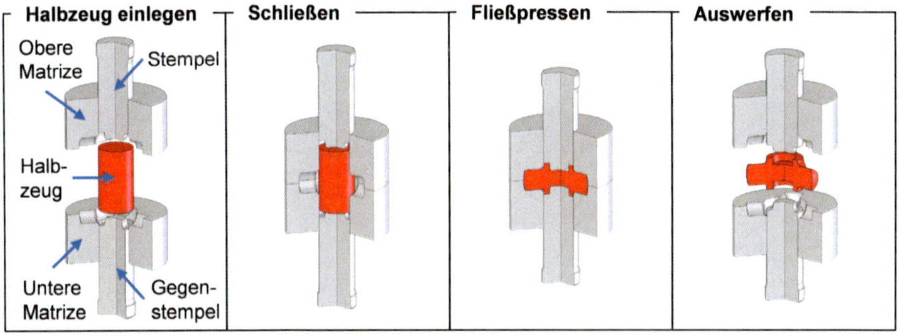

Bild 2.2: Prozessablauf des Kaltmassivumformverfahrens Querfließpressen

Sequence of the cold forging process lateral extrusion

Das Fließpressen ist ein für die Massenfertigung von rotationssymmetrischen Bauteilen taugliches Verfahren und weist zahlreiche Vorteile auf. Dazu zählen die hohe Reproduzierbarkeit, mechanische Belastbarkeit, Maßgenauigkeit und Oberflächengüte sowie die optimale Werkstoffausnutzung [HERB13], [NONE12]. BUCHMAYR und LANGE weisen darauf hin, dass zudem die aus dem Prozess resultierende Kaltverfestigung und der Faserverlauf ausgenutzt werden können, um lokale Festigkeitszunahmen im Werkstück zu generieren [BUCH02], [LANG88]. In der VDI 3138 (Verein Deutscher Ingenieure) sind Einschränkungen des Verfahrens beschrieben, wie z.B. der von verfahrensspezifischen Faktoren abhängige, maximal erreichbare Umformgrad [VDI98]. Weitere Nachteile des Fließpressens gegenüber anderen Fertigungsverfahren sind aus Sicht von DOEGE, BEHRENS und KLOCKE eine aufwendige Halbzeugvorbereitung durch die meist erforderliche Reinigung und Schmierung, das Rekristallisationsglühen bei komplexen Werkstückgeometrien mit mehreren Umformstufen und die hohen Werkzeugkosten [DOEG10], [KLOC06]. Steigende Werkzeugbelastungen durch eine zunehmende Bauteilkomplexität sowie die Verarbeitung von höherfesten Werkstoffen stellen eine große Herausforderung im Auslegungsprozess der Werkzeuge dar.

2.1.2 Mechanische Werkzeugbelastungen

Mechanical tool loads

Als eine Folge der hohen Fließspannungen des Werkstückwerkstoffs bei Raumtemperatur werden Kaltmassivumformwerkzeuge sehr hohen mechanischen Lasten mit resultierenden Spannungen von mehreren 1000 MPa ausgesetzt [GEIG08], [VAZQ00], [WAGN12]. Diese Problematik verschärft sich laut NONEDER ET AL. zusätzlich durch die Verwendung höherfester Stähle und komplexer Bauteilgeometrien, was in erhöhten mechanischen Werkzeugbelastungen beziehungsweise größeren elastischen Werkzeugverformungen resultiert. Ein Ausfall der Werkzeuge ist daher bereits nach wenigen tausend produzierten Bauteilen möglich. [NONE12]

Die Werkzeuge können durch Gewaltbrüche, durch adhäsiven und abrasiven Verschleiß sowie durch Ermüdungsbrüche versagen, siehe Bild 2.3 [FALK00], [HERB13], [LANG93], [KLOC06], [POEH03]. Gewaltbrüche resultieren aus extrem hohen Prozesskräften, welche die Festigkeit des Werkzeugwerkstoffs lokal überschreiten. Sie können jedoch gemäß FU ET AL. zuverlässig durch eine angepasste Auslegung der Prozessparameter und der Werkzeugwerkstoffe vermieden werden und sind daher von untergeordneter Bedeutung [FU08]. Da der Verschleiß von Werkzeugkomponenten messtechnisch gut erfassbar ist, kann er laut FALK während des gesamten Werkzeugeinsatzes gut überwacht werden [FALK00]. Die kritischsten Ursachen für Werkzeugversagen in der Kaltmassivumformung sind aus Sicht von FALK, HERBERTZ ET AL. und KOCH lokale Ermüdungsbrüche aufgrund von lokalen Spannungskonzentrationen im Kontakt zwischen Werkzeug und Werkstück [FALK00], [HERB13], [KOCH08]. Diese rufen zyklisch hohe mechanische Spannungsbelastungen mit Beträgen von über 3000 MPa im Werkzeug hervor und bilden sich insbesondere an Übergängen zwischen den Geometrieelementen eines Werkzeugs, wie z.B. an Fließpressschultern, aus [LANG93], [KLOC06] [WAGN12].

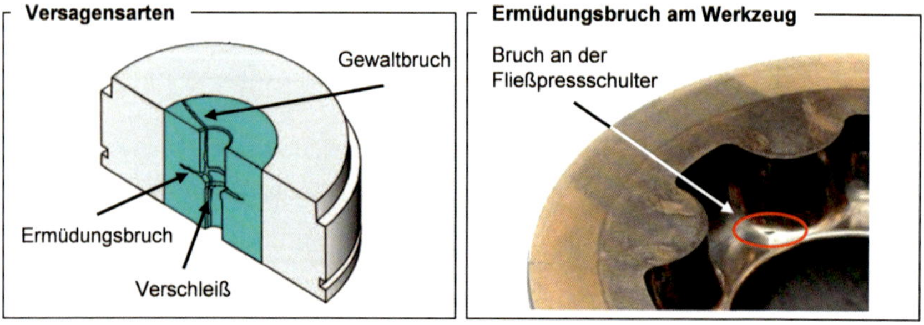

Bild 2.3: Versagensarten und Ermüdungsbruch an einem Fließpresswerkzeug nach [ENGE94], [ARBA05]

Failures types and fatigue crack of a cold forging die

Nach ENGEL und GEIGER sind für Rissinitiierung und -wachstum bei Ermüdungsbrüchen insbesondere axiale Zug- und Schubspannungen ursächlich. Diese Spannungskomponenten weisen an den gefährdeten Geometrieelementen hohe Konzentrationen auf. [ENGE90], [GEIG01] Somit bewegt sich die Kaltmassivumformung immer an der Grenze der ertragbaren Belastung von Werkzeug und Werkstoff. PÖHLANDT weist darauf hin, dass eine geringe Änderung der Werkzeuggestalt in einer Reduktion der Spannungskonzentrationen resultieren kann, welche positive Auswirkungen auf die Standmenge der Werkzeuge hat [POEH03].

In der industriellen Praxis wird eine Steigerung der Werkzeugstandmenge durch manuelle, konstruktive Maßnahmen zum Herabsetzen dieser Spannungskonzentrationen ermöglicht. LANGE kommt zu dem Ergebnis, dass kleine Änderungen der Werkzeuggeometrie die Standmenge signifikant erhöhen können [LANG93]. HETTIG zeigte, dass bereits durch geringe Modifikationen der Geometrie von Fließpressmatrizen eine Steigerung der Standmenge um den Faktor acht erzielt werden kann [HETT90]. Trotz vorliegender Restriktionen bei der Änderung von Werkzeuggeometrien durch das bildsame Grundprinzip der Umformverfahren kann daher eine Reduktion der Belastungen und somit eine deutliche Standmengensteigerung der Werkzeuge erreicht werden. Um diese Zielsetzung auch bei steigender Komplexität der Prozesse zu erreichen, ist jedoch laut LANGE eine umfassende, z.B. numerische Betrachtung der Werkzeugbelastungen und der resultierenden Werkstücke notwendig [LANG93].

2.1.3 Qualitätsmerkmale von Werkstücken und Prozesseinflussfaktoren

Quality features of workpieces and process influencing factors

Da die Rohlinge bei der Kaltmassivumformung vor Prozessbeginn nicht erwärmt werden, treten auch keine Effekte wie Schwindung oder Verzunderung auf. Somit ist die Form- und Maßhaltigkeit kaltumgeformter Bauteile deutlich größer als z.B. bei warmumgeformten Gesenkschmiedeteilen. [HIRS01], [NONE12] HERBERTZ ET AL. geben einen Überblick über die in Abhängigkeit von dem verwendeten Umformverfahren erreichbaren Genauigkeiten von Massivumformbauteilen, siehe Bild 2.4.

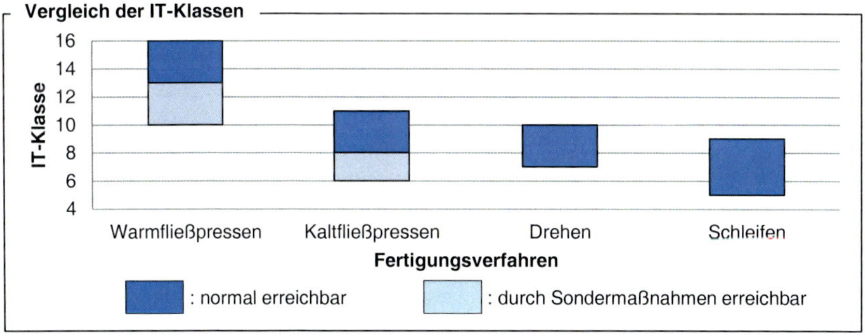

Bild 2.4: Vergleich der Genauigkeit zwischen Massivumform- und Zerspanprozessen nach [ARBA12], [HERB13]

Comparison of the dimensional accuracy between forging and cutting processes

Mit dem Kaltmassivumformprozess Fließpressen lassen sich mit herkömmlichen Fertigungseinrichtungen Bauteile mit ISO-Toleranz-Klassen (IT-Klassen) von acht bis elf gemäß DIN ISO 286 Teil 1 (International Organization for Standardization) herstellen [DIN10]. Bei Verwendung von Sondermaßnahmen sowie in Ausnahmefällen sind auch Bauteile in den IT-Klassen sechs und sieben fertigbar. [HERB13] Somit sind mit dem Fließpressen Genauigkeiten erreichbar, die üblicherweise mit konventionellen zerspanenden Fertigungsverfahren (IT-Klassen Drehen sieben bis zehn, Schleifen fünf bis neun) erzielt werden [VDI98].

Die im Kapitel 2.1.2 beschriebenen mechanischen Werkzeugbelastungen führen gemäß NONEDER ET AL. allerdings trotz konstruktiver Maßnahmen zwecks ihrer Reduzierung auch immer zu einer elastischen Werkzeugdehnung und somit zu Fertigungsungenauigkeiten [NONE12]. ARBAK sowie LANGE ET AL. stellen fest, dass die Aufdehnung des Werkzeugsystems ein primärer Einflussfaktor für die Maßhaltigkeit von Werkstücken ist [ARBA12], [LANG08]. JUN ET AL. kommen zu dem Ergebnis, dass dennoch oftmals ein Zerspanprozess im Anschluss an die Umformung erforderlich ist, was zu erhöhten Fertigungskosten führt. Die Präzisionsumformung von net-shape Bauteilen mit einer erhöhten geometrischen Genauigkeit durch eine a priori Abschätzung oder einer Berechnung der belastungsinduzierten Verformungen ist ein Ansatz zur Reduktion dieser Zerspanoperationen. Für die net-shape Fertigung ist allerdings ein grundlegendes Verständnis über die belastungsabhängigen, geometrischen Zusammenhänge zwischen Werkzeug und Werkstück erforderlich. [JUN07] KRUSIC ET AL. und KROIß ziehen den Schluss, dass die präzise Kenntnis dieser Zusammenhänge die Reduzierung der Abweichungen durch eine anforderungsgerechte Auslegung der Werkzeuggeometrie ermöglicht [KRUS11], [KROI12], [KROI13A]. Geometrische Werkstückabweichungen resultieren aus elastischen Verformungen des gesamten Werkzeugsystems und der elastischen Rückfederung des Werkstücks nach dem Auswerfen. Aufgrund der komplexen und nichtlinearen Wechselwirkungen der Spannungen und Dehnungen im Werkstück-Werkzeug-Kontakt während der Umformung können derartige Optimierungen jedoch nicht ohne weiteres bei der Auslegung von Werkzeugen durch Praxisversuche erfolgen. Hierzu ist ein hoher Versuchsaufwand notwendig. Eine genaue Vorhersage des Dehnungsverhaltens eines Werkzeugs über den zeitlichen Ablauf eines Umformprozesses kann, selbst bei einfachen Werkzeugen, nur durch numerische Simulationen erfolgen. Denn nur die numerische Prozesssimulation ermöglicht es, tiefer gehende Kenntnis über die Zusammenhänge und Wechselwirkungen von Werkstück- und Werkzeugdehnung zu erlangen. [ARBA05], [ARBA12], [JUN07], [LEE02], [KRUS11], [KROI12], [KROI13A]

Weiterhin ist laut ARBAK zu beachten, dass sich neben dem Werkzeugsystem je nach Höhe der Prozesskraft auch die Werkzeugmaschine verformen kann [ARBA12]. Es besteht daher die Gefahr, dass die bei der Kaltmassivumformung auftretenden hohen Prozess- und Rückzugskräfte zum Durchbiegen, Verlagern oder zum Abheben von Gestellbauteilen führt, siehe Bild 2.5. Dies resultiert in einer ungleichmäßigen Kraftübertragung auf das Werkzeugsystem. Als Konsequenz kommt es zu einer entsprechenden asymmetrischen Aufdehnung des Werkzeugs und somit zu weiteren Abweichungen der Werkstückgeometrie. Daher ist bei der Prozessauslegung auch auf diese Effekte zu achten. [ARBA12], [LANG08], [KROI13A], [KROI08]

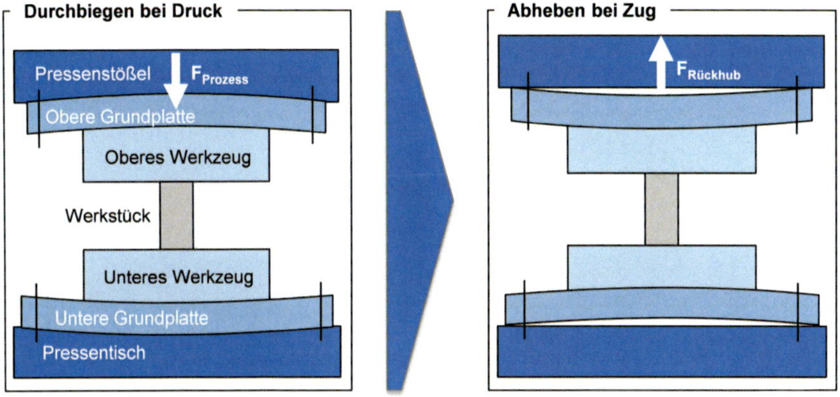

Bild 2.5: Mögliches Durchbiegen und Abheben von Gestellbauteilen nach [LANG08]
Possible bending and lifting of frame components

2.1.4 Zwischenfazit

Preliminary conclusions

Das Fließpressen ist ein Hauptverfahren der Kaltmassivumformung für die wirtschaftliche Massenfertigung von rotationssymmetrischen Bauteilen und weist zahlreiche Vorteile auf. Dazu zählen die hohe Reproduzierbarkeit, mechanische Belastbarkeit, Maßgenauigkeit und Oberflächengüte sowie die hohe Werkstoffausnutzung der Bauteile. Nachteile des Fließpressens gegenüber anderen Fertigungsverfahren sind eine aufwendige Halbzeugvorbereitung, das bei hohen Umformgraden erforderliche Rekristallisationsglühen und die hohen Werkzeugkosten. Als eine Folge der hohen Fließspannungen des Werkstückwerkstoffs bei Raumtemperatur werden Kaltmassivumformwerkzeuge sehr hohen mechanischen Lasten ausgesetzt. Diese Problematik verschärft sich zusätzlich durch die Verwendung höherfester Stähle und komplexer Werkstückgeometrien. Die kritischste Ursache für Werkzeugversagen in der Kaltmassivumformung sind lokale Ermüdungsbrüche aufgrund von lokalen Spannungskonzentrationen im Kontakt zwischen Werkzeug und Werkstück. Bereits kleine Änderungen der Werkzeuggeometrie können die Standmenge signifikant erhöhen. Die mechanischen Werkzeugbelastungen führen auch zu einer elastischen Werkzeugdehnung und somit zu Fertigungsungenauigkeiten und verringerter Maßhaltigkeit der Werkstücke. Für die net-shape Fertigung ist daher ein grundlegendes Verständnis über die belastungsabhängigen geometrischen Wirkzusammenhänge zwischen Werkzeug und Werkstück erforderlich. Weiterhin ist zu beachten, dass sich neben dem Werkzeugsystem je nach Höhe der Prozesskraft auch die Werkzeugmaschine verformt was in weiteren geometrischen Abweichungen und Wechselwirkungen resultiert. Die Kenntnis der mechanischen Werkzeugbelastungen und -verformungen während eines Kaltmassivumformprozesses durch numerische Prozesssimulation ermöglicht eine belastungsgerechte Auslegung der Werkzeuggeometrie.

2.2 Einsatz numerischer Simulation in der Kaltmassivumformung

Application of numerical simulation in cold forging

Zur Auslegung von umformtechnischen Prozessen haben sich numerische Simulationsverfahren etabliert [ARBA12], [AWIS12], [KOPP94], [MOEL98], [NONE12], [VOLL13], [WALT97]. LANGE sieht die Vorteile einer Prozesssimulation bei Umformprozessen insbesondere in der Möglichkeit mit einem verringerten Aufwand eine große Anzahl an Informationen unter praxisnahen Bedingungen zu generieren [LANG93]. Laut AWISZUS und HÄRTEL eignet sich die Simulation insbesondere zur Erfassung von Prozessgrößen die im Experiment nicht oder nur aufwändig ermittelt werden können [AWIS12]. Weiterhin können hinreichend verifizierte Modelle zu Parametervariationen genutzt werden. Es ist jedoch zu beachten, dass die Vorhersagegenauigkeit der Simulation vom Vorliegen zuverlässiger, experimenteller Prozessdaten als Randbedingungen abhängt. Daher folgert LANGE, dass die numerische Simulation ein reales Experiment nicht vollständig ersetzen kann. [LANG93]

Bei präziser Modellierung der Werkstoffeigenschaften ist bereits aus der Berechnung des Werkstückverhaltens eine qualitative und zum Teil auch quantitative Aussage über die Prozess- und Zielgrößen des Umformprozesses zu erreichen [ADLO05], [BEHR06], [LANG93]. Aus Sicht von BERNHARDT ET AL. sind eine grundlegende Analyse, Bewertung und Verbesserung des Umformprozesses, z.B. betreffend der Auswahl des Werkstoffs oder der geometrischen Gestaltung der Halbzeuge und Werkzeuge, auf Basis dieser Simulationsergebnisse möglich. [BERN06] Neben dem Werkstück haben allerdings auch die elastischen Effekte des Werkzeugsystems und der Umformmaschine einen erheblichen Einfluss auf den umformtechnischen Prozess [ENGE07], [BREC09], [VOLL13], [WOHL12], siehe Bild 2.6. VOLLRATH sowie WOHLMUTH und SCHAFSTALL stellen fest, dass die elasto-plastische Berücksichtigung des Werkstücks als Stand der Technik angesehen werden kann, während die Modellierung elastischer Werkzeuge insbesondere für dreidimensionale (3D) Geometrien eine signifikante Herausforderung darstellt. Maßgeblich hierfür sind die hohe Komplexität dieser Modelle aufgrund von nichtlinearen Kontaktbedingungen, die enorm hohen Rechenzeiten sowie die geringe numerische Stabilität. [VOLL13], [WOHL12]

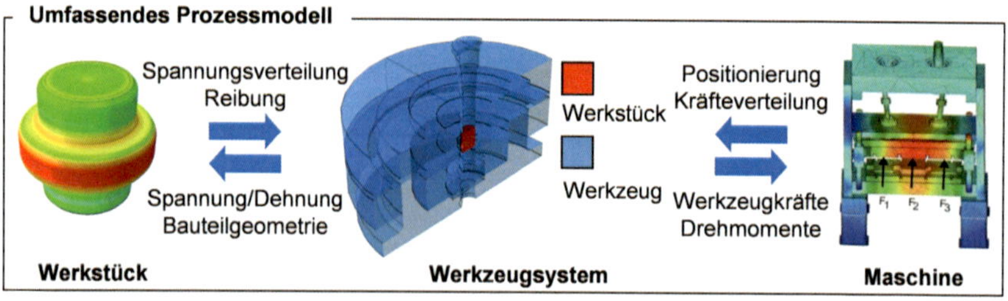

Bild 2.6: Komponenten und Wechselwirkungen eines Kaltmassivumformprozesses
Components and interactions of a cold forging process

2.2.1 Prozesssimulation mit der Finite Element Method

Process simulation with finite element method

Die Prozesssimulation eines Umformprozesses lässt sich auf Randwertprobleme der Festkörpermechanik zurückführen. Ein solches Randwertproblem basiert auf einem definiert gelagerten Element, welches mit dem von außen wirkenden Kraftvektor $\vec{F}$ belastet wird, und daraus resultierend, eine Verschiebung $\vec{u}$ bis zum Erreichen des Gleichgewichtszustands erfährt. Die Gesamtsteifigkeitsmatrix ***K*** setzt sich aus den Steifigkeitsmatrizen der einzelnen Elemente zusammen und definiert das materialspezifische Verhalten. Zur Lösung des Problems wird eine Differentialgleichung zweiter Ordnung in Form der Bewegungsgleichung (2.1) aufgestellt:

$$\vec{F} = \boldsymbol{M}\ddot{\vec{u}} + \boldsymbol{D}\dot{\vec{u}} + \boldsymbol{K}\vec{u} \qquad (2.1)$$

Da im Allgemeinen keine hochdynamischen Prozesse betrachtet werden, können im statischen Fall die Massen- und Dämpfungsmatrizen vernachlässigt werden. Gleichung (2.1) reduziert sich in diesem Fall zu der bekannten vereinfachten Form der sogenannten Grundgleichung (2.2) der FEM:

$$\vec{F} = \boldsymbol{K}\vec{u} \qquad (2.2)$$

Aus der Lösung des komplexen Gleichungssystems ergibt sich der Vektor der unbekannten Verschiebungen $\vec{u}$. Über die Verschiebungen wird mittels des hinterlegten Materialgesetzes der Spannungszustand bestimmt. Die resultierenden Dehnungen berechnen sich aus der ersten Ableitung der Verschiebungen $\vec{u}$. [AWIS12], [BATH82], [KANG95], [VOEL08]

Die FEM ist gemäß AWISZUS und HÄRTEL ein mathematischer Ansatz zur numerischen Berechnung einer Näherungslösung für vielfältige Randwertprobleme in den Ingenieurwissenschaften [AWIS12]. Es existiert eine Vielzahl mathematischer Formulierungen der FEM zur Lösung von Randwertproblemen, welche eine solide mathematische Begründung aufweisen. SAAD und SCHUTZ nennen hierzu z.B. das Verfahren der konjugierten Gradienten oder die *Generalized Minimal Residual Method* [SAAD86]. ZIENKIEWICZ und TAYLOR legen dar, dass die Konvergenzeigenschaften dieser iterativen Lösungsmethoden bereits grundlegend untersucht worden sind [ZIEN06]. Kommerziell verfügbare Programme zur Berechnung komplexer linearer und nichtlinearer Problemstellungen basieren laut TEKKAYA und MARTINS meistens auf der FEM [TEKK09]. Die Integration der FE-Methode in eine Softwareumgebung ermöglicht somit z.B. die näherungsweise Simulation des Modellverhaltes eines Fertigungsprozesses.

Am weitesten verbreitet sind laut AWISZUS und HÄRTEL sowie LANGE das implizite und das explizite Berechnungsverfahren. Die implizite Methode eignet sich besonders für statische Problemstellungen. Dynamische Probleme lassen sich am besten mit dem expliziten Verfahren lösen. [AWIS12], [LANG93] Die erforderliche örtliche Diskretisierung des Problems resultiert allerdings in einer hohen Anzahl an Freiheitsgraden, sodass das Randwertproblem eine Größenordnung von mehreren Millionen Unbekannten erreichen kann. Iterative Lösungsmethoden der FEM haben sich in ihrer Effizienz gesteigert. Dies ermöglicht eine Erweiterung der Grenzen lösbarer Probleme sowie eine Reduzierung der Rechenzeit. Zur Lösung rein elastischer Probleme ist die Zeiteffizienz im Vergleich zu anderen Verfahren allerdings gering. Kopp und Wiegels folgern daher, dass für die Erstellung und Lösung komplexer Modelle mit der FEM zwingend leistungsfähige Rechnersysteme benötigt werden. [KOPP99]

Für die Durchführung der Prozesssimulation mittels FEM ist es erforderlich das Modell in endlich kleine Elemente (örtliche Diskretisierung in finite Elemente) zu unterteilen, welche durch zu definierende Randbedingungen eindeutig beschrieben werden können, siehe Bild 2.7. Die FEM ist dann in der Lage die Differentialgleichungen des resultierenden Randwertproblems näherungsweise zu lösen und somit das gesamte Prozessverhalten zu modellieren. [KLEI12], [DOEG10]

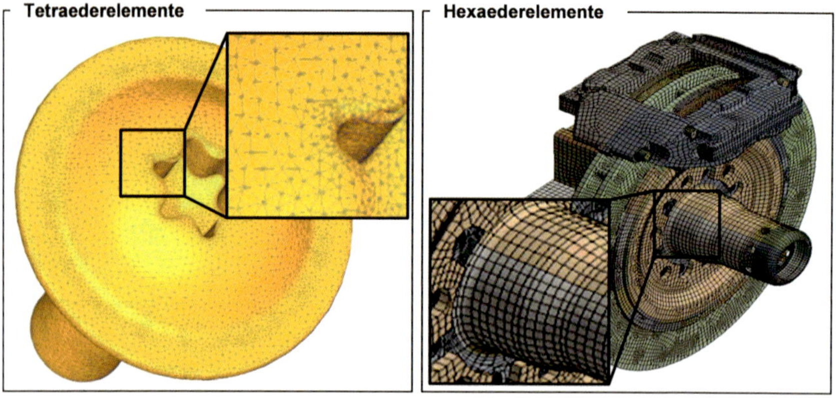

Bild 2.7: Örtliche Diskretisierung einer Torx-Schraube durch Tetraederelemente [SCIE14] und eines Bremssystems durch Hexaederelemente [ANSY14]

Local discretization of a torx-screw by tetrahedral elements and a brake system by hexahedral elements

Awiszus et al. stellen fest, dass die FEM in vielen Bereichen der Umformtechnik Anwendung zur Prozessauslegung und zur Simulation des Werkstoffflusses findet [AWIS09b]. Laut Kopp und Wiegels ist sie für eine Vielzahl von Problemstellungen geeignet und numerisch stabil [KOPP99]. Somit hat sich die FEM als ein wichtiges Werkzeug für die Planung, Analyse und Optimierung von Umformprozessen etabliert [ARBA12], [AWIS12], [AWIS09b], [BEHR97], [KOLL99], [TEKK98]. Doege und Behrens beobachten, dass insbesondere vor dem Hintergrund immer kürzerer Entwicklungszeiten die Prozessauslegung in der Umformtechnik durch den Einsatz der FEM deutlich minimiert werden kann. Experimentelle Versuche, welche meist kosten- und zeitaufwendig sind, können reduziert werden. Dies führt zu einem wirtschaftlicheren Einsatz von Umformprozessen. [DOEG10] Gemäß Banabic führt insbesondere die hohe Flexibilität bei der Änderung von Modellierungsparametern zu einem großen Potenzial der FEM-Prozesssimulation in der Umformtechnik [BANA07]. Die

Simulation des werkstückseitigen Materialflusses sowie die numerische Berechnung von Spannungs-, Formänderungs- und Temperaturverteilungen bei Umformprozessen mittels FEM sind aus Sicht von KOPP und WIEGELS Stand der Technik [KOPP99]. Umformtechnische Probleme sind allerdings durch nichtlineare Materialeigenschaften und große Formänderungen charakterisiert, was die Verfügbarkeit relativ großer Rechenleistungen zur Anwendung der FEM voraussetzt, so KOPP und WIEGELS [KOPP99]. Weiterhin empfiehlt sich, bei aus häufig wechselnden Kontaktbedingungen resultierendem dynamischem Verhalten, die Verwendung eines expliziten Solvers [AWIS12], [FALK00].

Gemäß KLEIN muss nach erfolgreicher Modellierung und Simulation des Fertigungsprozesses eine Validierung der Ergebnisse erfolgen. Die Validierung der Simulationsergebnisse kann durch einen Abgleich mit fachlichem Wissen oder experimentellen Daten durchgeführt werden. Da ein Modell immer nur einen in seiner Komplexität verringerten Ausschnitt der Realität darstellt, kann es zu abweichenden Ergebnissen kommen. Die Simulation beschränkt sich meist auch nur auf einen Ausschnitt des Prozesses. Dabei hängt die Genauigkeit einer FE-Simulation von der physikalisch korrekten Annahme der Randbedingungen ab. Hierzu zählen der verwendete Elementtyp, die Vernetzung, die Kraft- und Geschwindigkeitsrandbedingungen der Werkzeuge, die Kontaktrandbedingungen, die Werkstoffmodellierung und die ausreichende Abbildung der Modellgeometrie durch z.B. Computer-Aided-Design-Geometriedaten (CAD). Die Modelleigenschaften haben neben der Genauigkeit einen bedeutenden Einfluss auf die erforderliche Rechenleistung beziehungsweise Rechenzeit der Simulation. Daher sollte stets ein Kompromiss zwischen den zur Lösung erforderlichen Ressourcen und der Genauigkeit der resultierenden Ergebnisse geschaffen werden. Dies gilt insbesondere für umfassende Prozesssimulationsmodelle der Werkstück-Werkzeug-Maschinen-Interaktionen. [KLEI12]

2.2.2 Simulation der Werkstück-Werkzeug-Maschine-Interaktionen

Simulation of the workpiece-tool-machine-interactions

Einen Überblick über die Berücksichtigung realer Einflussgrößen in der Simulation von Umformprozessen gemäß dem gängigen Vorgehen in der industriellen Praxis gibt ROLL in Tabelle 2.1. Es zeigt sich, dass zahlreiche physikalische Einflussgrößen nur in reduzierter Komplexität oder gar nicht abgebildet werden. Dies trifft auch auf die werkzeug- und maschinenseitigen Effekte zu. [ROLL07] Während die Abbildung des Werkstückverhaltens im Prozess recht detailliert erfolgt, wird das Modell in Bezug auf das Werkzeugsystem in den meisten Umformsimulationen auf die unmittelbar mit dem Werkstück interagierenden Aktivelemente beschränkt. Grundsätzlich ist laut BRECHER ET AL. sowie JUN ET AL. die Berechnung von mechanischen Werkzeugbelastungen und -deformationen möglich. Jedoch resultiert dies in einer signifikanten Erhöhung der erforderlichen Rechenzeit und -ressourcen [BREC09], [JUN07]. ROLL zufolge werden Maschineneinflüsse ebenfalls meist vernachlässigt. Eine Integration des Maschinenverhaltens in die Prozesssimulation ermöglicht allerdings bereits in der Planungsphase die vollständige Betrachtung des Prozesses. Dieser Aspekt gewinnt durch das wachsende Interesse an Wechselwirkungen zwischen Umformprozess und Werkzeugmaschine zunehmend an Relevanz. Die Vergrößerung des Modells wirkt sich auch hier nachteilig in Form höherer Rechenzeiten aus. [ROLL07]

Tabelle 2.1: Vergleich von Einflussgrößen in Realität und Simulation nach [ROLL07]
Comparison of factors in reality and simulation

Einflussgröße	Realität	Simulation
Produktionshub	nicht konstant	nicht abgebildet
Maschine	elastisch	nicht abgebildet
Werkzeug	elastisch	nicht abgebildet, starr
Reibzahl	nicht konstant	konstant
Temperatur	nicht konstant	nicht abgebildet
Werkstoff	komplex	einfache Modelle
Werkstoffkennwerte	nicht konstant	(nicht) konstant

Modellierung des Werkzeugeinflusses in der Umformprozesssimulation

Im Umformprozess sind die Werkzeuge von höchster Bedeutung, da sie im direkten Kontakt mit dem Werkstück für die Formgebung verantwortlich sind. LANGE beschreibt Umformwerkzeuge als Hohlformwerkzeuge, welche als Gegenform ganz oder zum Teil die Werkstückkontur enthalten und diese während des Prozesses auf das Werkstück abbilden [LANG93]. Umformprozesse ohne ein abgestimmtes oder optimiertes Werkzeug sind, laut FU ET AL., nur verlangsamt möglich und somit ineffizient [FU09]. LANGE und KLOCKE stellen fest, dass ein ungünstig ausgelegter Umformprozess durch allgemein sehr hohe Lasten im Werkzeug oder lokale Spannungsspitzen charakterisiert ist. Das Wissen über die Belastungen auf und die resultierenden Spannungen und Dehnungen im Werkzeug während des Prozesses ermöglicht eine verbesserte Auslegung des Umformprozesses. Dabei handelt sich am häufigsten um mechanische Belastungen, welche statisch und auch dynamisch im Prozess auftreten können [LANG93], [KLOC06]. Sind die Belastungen bekannt und wurden entsprechende Korrekturmaßnahmen abgeleitet, so ergeben sich technische und betriebswirtschaftliche Vorteile. ALTAN und VAZQUEZ führen aus, dass durch ein optimiertes Werkzeugdesign die Bauteilqualität erhöht und die Produktionskosten gesenkt werden können [ALTA96].

AWISZUS und HÄRTEL sowie NONEDER ET AL. weisen daher darauf hin, dass die numerische Berechnung der Belastungen auf die Umformwerkzeuge und die daraus resultierenden Effekte wichtige Bestandteile bei der Auslegung eines Umformprozesses sind. Dies kann z.B. mit Simulationssoftware erfolgen, die auf der Finite Element Method basiert [AWIS12], [NONE12]. In der industriellen Praxis wird die Werkzeuggeometrie allerdings überwiegend nur als Starrkörper modelliert. Für die Prozesssimulation mit starrem Werkzeugverhalten ist eine grobe, nur die Geometrie des Werkzeugs beschreibende Vernetzung laut HERMANN und FIDERER ausreichend [HERM00]. Der

Modellierungsaufwand sowie die erforderliche Rechenzeit sind vergleichsweise gering [NONE12]. Wird das Verhalten des Werkzeugs als ideal starr angenommen, so wird gemäß AWISZUS ET AL. zwar der Stofffluss des Werkstücks abgebildet, die Einflüsse lokaler elastischer Verformungen auf das Werkstück werden in der Prozesssimulation jedoch nicht berücksichtigt [AWIS09a]. Hierdurch resultieren Ungenauigkeiten bei der Berechnung des Werkstück-Werkzeug-Kontakts [AWIS12].

Die Möglichkeit zur Modellierung eines elastischen Werkzeugverhaltens in der Prozesssimulation besteht ebenfalls in gängiger FE-Simulationssoftware, siehe Bild 2.8 [LANG93], [KLOC06]. AWISZUS und HÄRTEL legen dar, dass die Berechnung der Spannungen und Dehnungen im Werkzeug nur erfolgen kann, wenn alle Komponenten des Werkzeugsystems, wie z.B. die Armierung, mit Volumenelementen modelliert werden [AWIS12]. Eine gekoppelte Simulation bei welcher der Werkstofffluss des Werkstücks und die mechanische Werkzeugbelastung gemeinsam in einem Modell berechnet werden, eignet sich daher insbesondere für einfache zweidimensionale und rotationssymmetrische Probleme [HAGE11], [NONE12], [WAGN12].

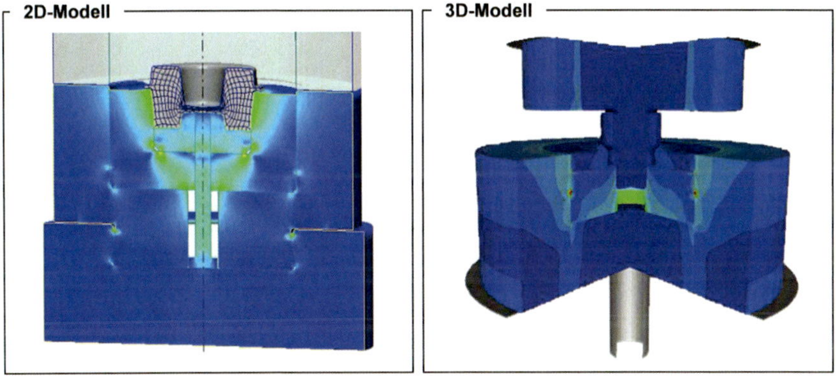

Bild 2.8: Numerische Berechnung der von Mises Vergleichsspannung für ein nachträglich extrudiertes, zweidimensionales (2D) [FORG14] und ein 3D Werkzeugmodell mit Matrizeneinsatz und Armierung [TRAN14]

Numerical determination of von Mises stress for an extruded 2D and a 3D tool model including die inserts and stress rings

Aus Sicht von VÖLKL bietet die gekoppelte Simulation von Werkstück und Werkzeugverhalten den wesentlichen Vorteil, dass in jedem Zeitschritt der Einfluss der Werkzeugverformung auf den Umformprozess modelliert wird. Nur so können die vorliegenden Wechselwirkungen zwischen Werkstück und Werkzeug korrekt abgebildet werden. [VOEL08] NONEDER ET AL., VÖLKL und WAGNER betonen, dass bei dreidimensionalen Modellen der Modellierungsaufwand und der Rechenzeitbedarf erheblich steigen [NONE12], [VOEL04], [VOEL08], [WAGN12]. SCHAPP und VÖLKL erläutern, dass für die 3D-FEM-Simulation eine Volumendiskretisierung des Werkzeugmodells erforderlich ist und somit die Anzahl an für die Simulation erforderlichen finiten Elementen stark ansteigt. Teilweise ist in der FE-Software durch den limitierten

Arbeitsspeicher eine maximale Anzahl an Elementen definiert, was die Berechenbarkeit solcher Modelle einschränkt. Das Werkzeug kann somit teilweise nur grob vernetzt werden, was laut SCHAPP und VÖLKL in einer negativen Beeinflussung der Berechnungsgenauigkeiten für die Werkzeugverformungen resultiert [SCHA08], [VOEL08]. Zudem geht mit der zusätzlichen örtlichen Diskretisierung des Werkzeugmodells und der daraus resultierenden höheren Elementanzahl sowie der erhöhten Modellkomplexität auch eine signifikante Erhöhung der Rechenzeit einher [AWIS12], [VOEL08]. ZIENKIEWICZ und TAYLOR führen weiterhin aus, dass für einen robusten Simulationsablauf stabile Kontaktbedingungen erforderlich sind, die nur durch eine ausreichend feine Vernetzung erreicht werden können [ZIEN06].

Für dreidimensionale Modelle eignet sich folglich eine entkoppelte Modellierung. Bei dieser Methode wird in einem ersten Schritt die Werkstückverformung mit starrem Werkzeugverhalten berechnet und anschließend die sich einstellenden Kontaktspannungen auf ein unabhängiges Model mit elastischen Werkzeugelementen transferiert. Aus der vereinfachten Modellierung resultieren allerdings Abweichungen gegenüber der Realität. [NONE12], [VOEL04], [VOEL08], [WAGN12]

Die Steigerung der Werkzeugstandmenge sowie der Fertigungsgenauigkeit durch Modellierung des Werkzeugeinflusses in der Umformprozesssimulation ist das Ziel intensiver Forschungsaktivitäten unter anderem von VAZQUEZ ET AL. [VAZQ00], FALK ET AL. [FALK00], [FALK01], VÖLKL [VOEL08], LEE ET AL. [LEE02a], [LEE02b], KROIß ET AL. [KROI12], [KROI13b] und EBERT [EBE09].

VAZQUEZ ET AL. analysierten verschiedene Möglichkeiten zur Standmengensteigerung eines Matrizeneinsatzes aus Hartmetall für die Kaltmassivumformung auf Basis eines numerischen Modells. Hierzu erfolgte eine zweidimensionale numerische Prozesssimulation mit der Software DEFORM zur Bestimmung der maximalen Belastungen an der Grenzfläche zwischen Werkstück und Werkzeug. Anschließend wurde eine entkoppelte numerische Berechnung und Auswertung der mechanischen Spannungen im Werkzeug durchgeführt. Auf Basis dieser Erkenntnisse wurden Anpassungen des Werkzeugkonzepts (Armierungsgeometrie, geteilter Matrizeneinsatz, alternativer Werkzeugwerkstoff) vorgenommen und mittels einer erneuten Simulation bezüglich der maximal auftretenden Spannung im Werkzeug evaluiert. Die angepasste Armierungsgeometrie sowie der geteilte Matrizeneinsatz zeigten das größte Potenzial zur Reduzierung der maximalen Spannung im Werkzeug. [VAZQ00]

FALK ET AL. erforschten die Standmengenvorhersage für Kaltmassivumformwerkzeuge auf Basis einer numerischen Beanspruchungsanalyse. Das zur Abschätzung der mechanischen Werkzeugbeanspruchung in MARC/AutoForge erstellte Simulationsmodell umfasste werkzeugseitig sowohl die Matrize als auch das Armierungssystem. Aus Symmetrie- und Rechenzeitgründen wurde nur die Hälfte des realen Werkzeugsystems modelliert. Es erfolgte eine messtechnische Überprüfung der Validität der Simulationsergebnisse anhand von lokalen Dehnungsmessungen an der Matrize mit Dehnungsmessstreifen. Der Abgleich der Dehnungswerte ergab, dass nur die jeweiligen Änderungen vergleichbar sind nicht jedoch die absoluten Werte. Die auf den berechneten Werten basierende Standmengenvorhersage ergab eine Diskrepanz zur Realität, deren Grund FALK in der nicht hinreichend genauen Abbildung der Werkzeugbelastungen durch die Simulation vermutet. [FALK00], [FALK01]

VÖLKL untersuchte eine Methodik, um vorliegende Streuungen von Prozesseinflussgrößen in der Kaltmassivumformung numerisch abzubilden und die Zielgrößen vorhersagen zu können. Hierzu erfolgte ebenfalls die Anwendung der Methodik auf die Zielgröße der Werkstückgenauigkeit auf Basis einer zweidimensionalen, thermisch-mechanisch gekoppelten Werkstück-Werkzeug-Simulation, welche werkzeugseitig die armierte Matrize abbildet. Er erweiterte sein Modell um die axiale Maschinennachgiebigkeit in Form einer Federsteifigkeit, die es ermöglichte, auch den Einfluss der Umformmaschine mit einzubeziehen. VÖLKL gelang es erfolgreich mit seiner Methode, die statistische Streuung der Werkstückabmessungen bei Schwankung der Eingangsgrößen zu bestimmen. [VOEL08]

LEE ET AL. evaluierten den Einfluss der elastischen Werkzeugdehnung auf die geometrische Werkstückgenauigkeit in der Kaltmassivumformung mittels Experiment und Simulation. Bei den betrachteten Bauteilen handelt es sich zum einen um ein symmetrisches Analogiebauteil mit drei Absätzen und zum anderen um einen Kugelzapfen, welche unter anderem durch Vollvorwärtsfließpressen gefertigt wurden. Der Prozess wurde als zweidimensionales Simulationsmodell mit der Software DEFORM numerisch abgebildet. Zur Validierung der Ergebnisse erfolgte ein Vergleich der elastischen Dehnung zwischen Simulationsmodell und einer Dehnungsmessstreifen-Messung (DMS). Zudem erfolgte eine Gegenüberstellung der gekoppelten und der entkoppelten Berechnung des elastischen Werkzeugverhaltens. Die numerischen Ergebnisse bei der gekoppelten Berechnung stimmen sehr gut mit denen des Experiments überein. Bei der entkoppelten Berechnung wurde die elastische Aufdehnung des Werkzeugs allerdings überschätzt und es ergeben sich deutliche Abweichungen zwischen berechneter und experimenteller Werkstückgeometrie. LEE ET AL. folgern daraus, dass nur eine kombinierte Modellierung zu hinreichend genauen Ergebnissen hinsichtlich der elastischen Werkzeugdehnung und somit der Werkstückgeometrie führt. [LEE02a], [LEE02b]

KROIß ET AL. befassten sich mit der Überführung eines FE-Simulationsmodells in ein analytisches Prozessmodell, was zusätzlich zum Umformprozess auch die Werkzeug- und Maschinencharakteristik gekoppelt modelliert. Ziel der Arbeiten ist die automatisierte Einstellung der Prozessparameter, um eine hohe Werkstückgenauigkeit bei gleichzeitig geringem Zeitaufwand zu ermöglichen. Die numerische zweidimensionale Modellierung des betrachteten Vollvorwärtsfließpressprozesses mit der Software simufact.forming beinhaltete das Werkstück, die armierte Matrize, das Werkzeuggestell und das axiale Maschinenverhalten. Die armierte Matrize wurde hierbei als elastischer Körper und das Werkzeuggestell als in Reihe geschaltete Federn modelliert, dessen Federsteifigkeiten simulativ ermittelt wurden. Somit konnte eine Steigerung der Genauigkeit bezüglich der numerisch berechneten Werkstückhöhe erreicht werden. [KROI12], [KROI13b]

EBERT fokussierte in seinen Untersuchungen auf elastische Werkzeugdeformationen, die aus den mechanischen Belastungen eines Gesenkschmiedeprozesses resultieren. Hierzu wurde ein 15°-Segment Simulationsmodell in Forge erstellt, welches das Gesenk als Volumenmodell mit elastischem Materialverhalten abbildet. Aus seinen grundlegenden numerischen Erkenntnissen zur elastischen Werkzeugdeformation wurde ein auf einem Vergleich der Soll- und Ist-Werkzeugkontur basierender Korrekturalgorithmus zur Geometriekompensation entwickelt. Anhand von Beispielen aus der Halbwarm- und Warmmassivumformung wurde der Korrekturalgorithmus überprüft und seine Funktionalität nachgewiesen. EBERT zieht zudem den Schluss, dass neben den Prozessparametern auch der Einfluss der Maschine auf die elastische Werkzeugdehnung zu berücksichtigen ist. [EBE09]

Aus Sicht von NONEDER ET AL. wird in der industriellen Praxis aufgrund fehlender Grundlagen für die simulationsbasierte Werkzeugauslegung der erhöhte zusätzliche Modellierungsaufwand für die Werkzeugsimulation meist nicht investiert. Es besteht zurzeit nur die Möglichkeit, durch Variantenvergleich zu identifizieren, bei welcher Werkzeuggeometrie höhere beziehungsweise niedrigere mechanische Werkzeugbelastungen vorliegen. [NONE12] SCHAPP stellt ebenfalls fest, dass die Simulation von Umformprozessen auf Basis der FEM mit elastischen Werkzeugmodellen bisher nicht dem Stand der Technik entspricht [SCHA08]. Allerdings ist gemäß AWISZUS und HÄRTEL insbesondere bei der Kaltmassivumformung die Modellierung elastischer Werkzeuge aufgrund der auftretenden hohen, lokalen Kontaktnormalspannungen zur Steigerung der Simulationsgenauigkeit erforderlich. Diese führen zu elastischen Deformationen der Werkzeuge, welche auch im Realprozess zu beobachten sind. [AWIS12] Ein weiterer Schritt zur Steigerung der Abbildungsgenauigkeit stellt die Modellierung des Maschineneinflusses dar.

Modellierung des Maschineneinflusses in der Umformprozesssimulation

Die Aufgabe der Maschine ist es, für den jeweiligen Umformprozess die erforderliche Kraft und Energie bei der definierten Hubzahl aufzubringen. Bei der Ausführung eines identischen Umformprozesses auf unterschiedlichen Maschinen resultieren verschiedene Bauteilergebnisse. Die Bauteile unterscheiden sich hinsichtlich der Abmaße und der Form. KRUSIC ET AL. sowie SCHAPP stellen grundlegend fest, dass das Verhalten der Maschine somit maßgeblich den Umformprozess und damit auch die mechanischen Werkzeugbelastungen sowie die Werkstückgenauigkeit beeinflusst [KRUS05], [SCHA08]. Für eine ganzheitliche Modellierung von Umformprozessen ist daher eine Kopplung der einzelnen Teilmodelle (Werkstück, Werkzeug und Maschine) erforderlich. Dies bietet einen deutlichen technologischen Vorteil. Die Wechselwirkungen zwischen den einzelnen Faktoren erschweren allerdings, laut JUST ET AL., die Implementierung [JUST07].

Bei den heute verfügbaren Simulationssystemen für Umformprozesse ist meist eine Definition der Pressenkinematik möglich [BIBA99], [HERM00]. Weiterhin lassen sich teilweise neben den ideal-starren auch linear-elastische Kinematikmodelle des Maschinenverhaltens modellieren. BRECHER legt dar, dass für die Beschreibung des

Maschinenverhaltens verschiedene analytische Methoden existieren, die einen unterschiedlichen Abstraktions- und Komplexitätsgrad aufweisen [BREC09]. Mithilfe dieser Beschreibungsmodelle werden generell Steifigkeitskennzahlen und Führungsspiele ermittelt, welche den elastischen Einfluss der Umformmaschine auf die Werkzeuge und somit auf den Prozess definieren. Das elastische Auffederungs- und Kippverhalten einer Presse kann, z.B. durch definierte Feder- und Kippzahlen, in der Umformsimulation abgebildet werden, welche z.B. gemäß DIN 55189 Teil 2 ermittelt werden können [BIBA99], [DIN88b]. VOLLRATH sowie WOHLMUTH und SCHAFSTALL weisen darauf hin, dass die konkrete Bestimmung der Federkennzahlen zur Definition der Ersatzsteifigkeiten des Maschinenmodells meist problematisch ist. Zudem stellt die realitätsnahe Abbildung der Federcharakteristiken oder des Führungsspiels im Simulationsmodell eine deutliche Herausforderung dar. [VOLL13] [WOHL12] Durch Integration dieser analytischen Ansätze zur Modellierung des Maschinenverhaltens in die Prozesssimulation wird die realitätsnahe Modellierung der Werkstück-Maschinen-Interaktion allerdings auf Kosten eines erhöhten Rechenaufwands erreicht. Die Berücksichtigung dieser Wechselwirkungen kann jedoch laut JUST ET AL. Schwankungen in der Produktqualität erklären. [JUST07]

Die Steigerung der Berechnungsgenauigkeit durch Modellierung des Maschineneinflusses in der Prozesssimulation ist das Ziel der Forschungsaktivitäten unter anderem von KROIß ET AL. sowie ENGEL ET AL. [KROI12], [KROI13b], [ENGE07], KRUSIC ET AL. [KRUS05], [KRUS11], BRECHER ET AL. sowie SCHAPP [BREC08], [BREC09], [BREC10], [BREC12], [SCHA08] und BARTON ET AL. [BART11].

KROIß ET AL. sowie ENGEL ET AL. befassen sich mit der Abbildung und Integration des elastischen Maschinenverhaltens und des Verhaltens des Umformwerkzeugs in eine gekoppelte 2D-Simulation mit simufact.forming am Beispiel des Vollvorwärtsfließpressens. Hierzu wurde sowohl eine weggebundene als auch eine kraftgebundene Presse untersucht. Das Auffederungsverhalten der Maschine wird im Modell quasistatisch durch eine Feder berücksichtigt. Im Fall der weggebundenen Presse wurde die Steifigkeit vorab experimentell ermittelt. Hier wurde allerdings lediglich die axiale Gesamtsteifigkeit der Maschine berücksichtigt, jedoch nicht die ebenfalls auftretenden Verkippungen modelliert. Diese Reduzierung der modellierten Komponenten in der Prozesssimulation bringt Vorteile bezüglich der Rechenzeit mit sich. Es wurde eine Steigerung der Berechnungsgenauigkeit der Werkstückhöhe erreicht. Die Abweichung in der Werkstückhöhe zwischen Simulation und Experiment konnte auf 0,1 mm verringert werden. KROIß ET AL. sowie ENGEL ET AL. weisen darauf hin, dass insbesondere bei mehrstufigen Prozessen die Modellierung der Verkippung des Stößels relevant ist und zu einer weiteren Steigerung der Abbildungsgenauigkeit der numerischen Modelle führt. [KROI12], [KROI13b], [ENGE07]

KRUSIC ET AL. erforschten einen kombinierten experimentell-numerischen Ansatz zur Bestimmung der Auffederung des Systems Werkstück-Werkzeug-Maschine, um die Vorhersage der Werkstückgeometrie in mehrstufigen Kaltmassivumformprozessen zu verbessern. Es erfolgten experimentelle Messungen der dynamischen Auffederung der mechanischen Presse zur Bestimmung der Nachgiebigkeitsmatrix der Maschine. Die Nachgiebigkeitsmatrix mit jeweils sechs Reihen und Spalten liefert eine komplette Beschreibung des elastischen Maschinenverhaltens unter vertikaler und horizontaler Belastung. In Kombination mit einem FE-Prozessmodell erlaubt die Nachgiebigkeitsmatrix der Maschine die Vorhersage der elastischen Verschiebungen und Rotationen von Werkzeug und Pressenstößel sowie der resultierenden Prozesskraft. Eine numerische Modellierung der Presse und des mehrstufigen Werkzeugsystems wurde sowohl zur Evaluierung der Werkzeugbelastung als auch der Verschiebungen und Rotationen des gesamten Systems Werkstück-Werkzeug-Maschine durchgeführt. Die gekoppelte, zweidimensionale Werkstück-Werkzeug Prozesssimulation in DEFORM wird hierbei durch einen Austausch der Umformkräfte mit dem externen numerischen Maschinenmodell kombiniert. Bei einem gekoppelten Werkstück-Werkzeug-Maschinen Modell erwarten KRUSIC ET AL. eine Reduzierung der numerischen Stabilität sowie einen deutlichen Anstieg der Rechenzeit. Der Ansatz wurde erfolgreich am Beispiel eines Automotive-Bauteils angewendet und ermöglicht die verbesserte Auslegung von mehrstufigen Kaltmassivumformprozessen bezüglich der Kraft- und Momentbelastung der eingesetzten Presse. [KRUS05], [KRUS11]

BRECHER ET AL. sowie SCHAPP untersuchten die Modellierung der Wechselwirkungen zwischen Werkstück, Werkzeug und Umformmaschine zur Steigerung der Genauigkeit der Simulationsergebnisse für das Gesenkschmieden. Sie entwickelten eine Methodik zur numerischen Auslegung von Ein- und Mehrstufenwerkzeugen auf Basis einer externen numerischen Modellierung des Last-Verlagerungsverhaltens der Maschine und des Werkzeugs. Die externe Software wird dabei gemeinsam mit der konventionellen Simulationssoftware Forge eingesetzt. Basierend auf einem nichtlinearen Ansatz modelliert das externe Softwaretool die maschinen- und werkzeugspezifischen Feder- und Kippsteifigkeiten sowie die translatorischen und rotatorischen Spiele der Presse und des Werkzeugs. Die Bestimmung der hierzu erforderlichen Maschinenparameter erfolgte experimentell durch taktile oder optische Messung der Maschinenverlagerungen nach DIN 55189. Zu diskreten Zeitschritten wird die durch die Prozesssimulation berechnete Prozesskraft zur Bestimmung der resultierenden Verlagerung herangezogen, siehe Bild 2.9. Anschließend wird die Verlagerung in die Prozesssimulation zurückgeführt und für die Aktualisierung der Werkzeugposition unter Berücksichtigung der elastischen Deformation von Presse und Werkzeug verwendet. Mit einem reduzierten Mehraufwand wird somit eine deutliche Steigerung der Genauigkeit bei der numerischen Simulation von Umformprozessen ermöglicht. [BREC08], [BREC09], [BREC10], [BREC12], [SCHA08]

BARTON ET AL. überführten den Ansatz von BRECHER ET AL. sowie SCHAPP in die Simulationssoftware simufact.forming. Sowohl die durch BRECHER ET AL. sowie SCHAPP ermittelten maschinenspezifischen Feder- und Kippsteifigkeiten als auch die translatorischen und rotatorischen Spiele wurden mittels Federmodellen direkt in ein vollständig gekoppeltes Simulationsmodell eines Ringstauchversuchs integriert. Auch hier konnte die verbesserte numerische Abbildung der Werkstückgeometrie nachgewiesen werden. BARTON ET AL. betonen zudem, dass eine vollständig gekoppelte Berechnung im Gegensatz zu einer externen Berechnung des Maschinenverhaltens deutliche Vorteile bezüglich der Stabilität der Kontaktverhältnisse in der Prozesssimulation bietet. [BART11]

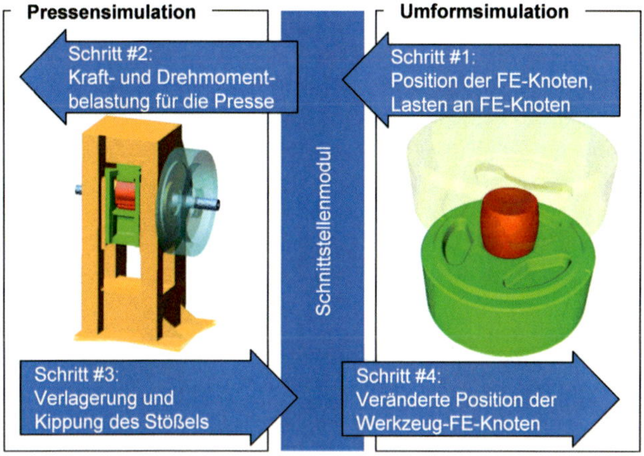

Bild 2.9: Methodik zur gekoppelten Simulation von Maschine und Prozess nach [BREC07]
Methodology for the coupled simulation of press and process

JUST ET AL. beobachten allerdings, dass in der industriellen Praxis aus Rechenzeitgründen häufig auf eine Modellerweiterung um die Verkippung und das elastische Auffedern der Maschine verzichtet wird [JUST07]. Liegt allerdings ein kombiniertes numerisches Modell von Umformprozess und elastischem Werkzeug- und Maschinenverhalten vor, so ist laut KROIß gegenwärtig immer noch manuelles *trial and error* notwendig, um die gewünschten Prozesszielgrößen zu erreichen. Es besteht somit ein Bedarf an automatisierten Optimierungsmöglichkeiten. [KROI12] Die Modellierung des Maschinenverhaltens in der Umformprozesssimulation zählt daher noch nicht zum Stand der Technik in der industriellen Praxis.

2.2.3 Zwischenfazit

Preliminary conclusions

Zur numerischen Analyse von Umformprozessen hat sich die FEM-Simulation seit langem etabliert. Neben dem Werkstück haben auch die elastischen Effekte des Werkzeugsystems und der Umformmaschine einen erheblichen Einfluss auf den Umformprozess. Während die Abbildung des Werkstückverhaltens in der Simulation detailliert erfolgt, wird das FEM-Modell bezüglich des Werkzeugsystems meist auf die Aktivelemente beschränkt. Die Spannungen und Dehnungen im Werkzeug können nur berechnet werden, wenn das gesamte Werkzeugsystem als deformierbarer Körper modelliert wird. Insbesondere bei dreidimensionalen Modellen steigen hierdurch der Modellierungsaufwand und der Rechenzeitbedarf erheblich an. Aufgrund fehlender Grundlagen für die simulationsbasierte Werkzeugauslegung wird in der industriellen Praxis der erhöhte Aufwand für die Werkzeugsimulation meist nicht investiert. Das Verhalten der Maschine beeinflusst ebenfalls maßgeblich den Umformprozess, damit auch die mechanischen Werkzeugbelastungen und die Werkstückgenauigkeit. Für die Beschreibung des Maschinenverhaltens existieren verschiedene analytische Modelle. Die Integration dieser Modelle in die 3D-Prozesssimulation resultiert in einem erhöhten Rechenaufwand und einer Verringerung der Stabilität der Modelle. In der industriellen Praxis wird aus diesen Gründen und fehlenden automatisierten Optimierungsmöglichkeiten häufig auf eine Modellerweiterung um das Verkippen und das elastische Auffedern der Maschine verzichtet. Die Simulation von Umformprozessen auf Basis der FEM mit elastischen 3D-Werkzeugmodellen und zusätzlicher Modellierung des Maschinenverhaltens entspricht somit nicht dem Stand der Technik.

2.3 Kombination alternativer Simulationsmethoden mit der FEM

Combination of alternative simulation methods with FEM

Um die Effizienz der Simulation von Umformprozessen mit einer Modellierung des rein elastischen Werkzeugeinflusses zu steigern, kann der Ansatz der Gebietszerlegung verfolgt werden. Durch den großen Unterschied im Volumenverhältnis zwischen Werkstück und Werkzeug ist für die örtliche Diskretisierung des Werkzeugs eine deutlich höhere Anzahl an finiten Elementen erforderlich. Eine beschleunigte Berechnung der Werkstück-Werkzeug-Interaktion kann gemäß KLOCKE und KÖNIG sowie ELLEITHY und GRZHIBOVSKIS durch die Kombination der nichtlinearen FEM (Werkstück) mit alternativen numerischen Simulationsmethoden der Elastostatik (Werkzeug) erreicht werden [KLOC06], [ELLE09]. Für die Modellierung des Werkzeugverhaltens eignen sich beispielsweise die folgenden Simulationsmethoden der Elastostatik: die Finite Difference Method (FDM) [KANG95], die Randelementmethode (engl. Boundary Element Method, BEM) [ZIEN06] sowie die Fundamentallösungsmethode (engl. Fundamental Solution Method, FSM) [SMYR09]. BATHE und KANG kommen zu dem Ergebnis, dass aufgrund der geringen Flexibilität des Finite-Differenzen-Netzes eine Berücksichtigung von kinematischen und statischen Randbedingungen auf beliebigen Rändern schwer zu erfüllen ist [BATH82], [KANG95]. Daher wird diese numerische Simulationsmethode nicht weiter betrachtet.

Vorteil der BEM und der FSM ist die Zeiteffizienz bei gleichbleibender Genauigkeit, da hier, z.B. im Falle der BEM, statt des gesamten Volumens lediglich die Oberfläche diskretisiert werden muss. Ihre Anwendung ist allerdings lediglich auf Probleme mit einem linearen Verhalten beschränkt, wohingegen die FEM auf Kosten der Rechenzeit in der Lage ist, auch komplexes nichtlineares Verhalten abzubilden. BOUMAIZA und AOUR sowie BRADY und WASSYNG zeigen auf, dass eine Kombination von FEM und BEM und somit auch von FEM und FSM die Vorteile der jeweiligen Methoden vereint. Mit den kombinierten Simulationsmethoden lassen sich insbesondere Probleme zeiteffizient lösen, bei denen kleinere Bereiche mit nichtlinearem Materialverhalten, wie Plastizität mit der FEM, und deutlich größere Bereiche mit linearem Verhalten, wie Elastizität mit BEM oder FSM, berechnet werden. [BOUM13], [BOUM14], [BRAD81] Diese Art von Problemen liegt häufig bei der umfassenden Prozesssimulation im Bereich der Umformtechnik vor.

2.3.1 Kombination von FEM und Boundary Element Method

Combination of FEM and Boundary Element Method

Bei der BEM handelt es sich um ein Verfahren zur Lösung von Anfangs- und Randwertproblemen auf Basis von partiellen Differentialgleichungen. Für Probleme der linearen Elastostatik handelt es sich bei den partiellen Differentialgleichungen um elliptische Systeme. Wird dabei ein homogenes Material betrachtet so sind die Koeffizienten der Gleichung konstant. Somit ist die fundamentale Lösung der Differentialgleichung existent und bekannt. Mithilfe dieser Lösung können alle Zustandsgrößen, wie z.B. Verschiebungen und Spannungen, im Inneren des betrachteten Gebiets als Funktion der Randdaten beschrieben werden. Die Randdaten sind allerdings nur teilweise gegeben. Für die Ermittlung der unbekannten Randdaten ist es erforderlich Randintegralgleichungen aufzustellen, die jedoch nur die Größen auf dem Rand berücksichtigen. Daher ist lediglich eine Diskretisierung des Rands erforderlich. Aus der Diskretisierung der Integralgleichungen resultieren allerdings vollbesetzte Matrizen. Eine Bestimmung der Zustandsgrößen im Inneren des Gebiets ist dennoch auf Basis der Randdaten möglich. Durch die Dimensionsreduktion stellt die BEM eine zeiteffiziente Lösungsmethode für große lineare Modelle ohne Genauigkeitsverlust dar. SAUTER und SCHWAB sowie RJASANOW und STEINBACH stellen fest, dass die Matrix für praxisrelevante dreidimensionale Problemstellungen in der Regel groß dimensioniert ist. Dies verringert die Zeiteffizienz der Methode [SAUT03], [RJAS07]. Aufgrund des hohen numerischen Aufwands klassischer direkter BEM-Verfahren können diese nicht effizient zur numerischen Lösung solcher Gleichungssysteme eingesetzt werden. Ein alternativer Ansatz besteht in der Approximation der Matrix vor der Lösung.

Durch die Forschungsgruppe von Prof. RJASANOW an der Universität des Saarlandes wurde zur rein algebraischen Approximation von BEM-Matrizen das Adaptive Cross Approximation-Verfahren (ACA) entwickelt [BEBE00a], [BEBE00b], [BEBE03], [BEBE06]. Da das ACA-Verfahren auf Algorithmen zur Berechnung einzelner Matrixeinträge basiert, ist es sehr flexibel in der praktischen Implementierung. Aufgrund dieses Vorteils hat die ACA-Methode in den letzten Jahren vermehrt Anwendung in den Ingenieurwissenschaften sowie in der Industrie gefunden. Probleme der Akustik, des Elektromagnetismus und der Festkörpermechanik bilden die Hauptanwendungsgebiete des ACA-Verfahrens in Kombination mit der BEM [ESTO05], [KURZ07], [BEBE06]. Effiziente numerische Methoden zur Lösung partieller Differentialgleichungen, wie die BEM, werden zunehmend Gegenstand intensiver Forschungsarbeiten [STEI03], [SAUT03], [RJAS07]. Hierdurch wurde die Anwendbarkeit der asymptotisch-optimalen Randelementmethode auch für ingenieurwissenschaftliche Problemstellungen signifikant erweitert. Die BE-Methode weist somit ein großes Potenzial zur zeiteffizienten Berechnung von komplexen Problemen in der Elastostatik auf.

Aufgrund der Beschränkung der reinen BEM auf die Abbildung elastischer Probleme findet sie in der Massivumformung, z.B. durch TAKAHASHI und BREBBIA sowie SU, Anwendung zur Berechnung und Analyse der Spannungen und Dehnungen in den Umformwerkzeugen [TAKA90], [SU94]. FU und SHANG sowie OCHIAI und YAMAMOTO verwenden die BEM neben der Berechnung des Spannungszustands in der Matrize auch zur Auslegung der Armierungsvorspannung in Abhängigkeit von dem Schrumpfmaß [FU95], [OCHI84]. Durch die vorteilhafte Abbildung und vereinfachte örtliche Diskretisierung von Rissspitzen ist die numerische Berechnung von Rissfortschritten in Werkzeugen ein weiteres, durch HEYDER, KOLK sowie CITARELLA ET AL. untersuchtes Anwendungsgebiet der BEM in der Massivumformung [CITA14], [HEYD05], [KOLK05].

Eine Kombination von FEM- und BEM-Diskretisierung in einer gemeinsamen Lösungsprozedur wurde erstmalig von ZIENKIEWICZ diskutiert [ZIEN77]. In der Elektrotechnik existieren bereits verschiedene Ansätze und Anwendungen einer Kombination von FEM und BEM zur Lösung von Anfangs- und Randwertproblemen im Bereich elektromagnetischer Felder, z.B. zur Berechnung von Wirbelströmen oder Abschirmungen [BOUR91], [CIRI10], [KURZ97a], [KURZ97b], [MATS88]. Zudem wird die kombinierte FEM/BEM-Methode in der Physik unter anderem im Bereich der akustischen [YABI12], optischen [YU09] und energetischen [AIMI12] Wellenausbreitung sowie der Temperaturfeldberechnung [STOK05] erforscht.

BOUMAIZA und AOUR untersuchten eine FEM/BEM-Kombination auf Basis der iterativen Relaxationsmethode zur Analyse nichtlinearer elasto-plastischer Problemstellungen der Festkörpermechanik in den Ingenieurwissenschaften. Die Kombination ermöglicht eine Berechnung der Verschiebungen und Kräfte im Kontaktbereich. Hierzu erfolgten die Implementierung in einen Quellcode und ein Test an zweidimensionalen Beispielen, wie z.B. ein Zylinder mit Innendruck und eine auf Zug belastete, gekerbte Platte. Der Vergleich der numerischen Ergebnisse mit experimentellen und analytischen Daten zeigte eine gute Übereinstimmung. [BOUM13], [BOUM14]

BÄCKER ET AL. realisierten am Werkzeugmaschinenlabor WZL der RWTH Aachen, gemeinsam mit der Forschungsgruppe RJASANOW an der Universität des Saarlandes, eine kombinierte FEM/BEM-Simulationsmethodik zur Lösung umformtechnischer Problemstellungen [BAEC11b], [ELLE09]. Der Ansatz wurde für die Simulationssoftware Abaqus umgesetzt und ermöglicht die Lösung von kombinierten FEM- und BEM-Domänen in einer gemeinsamen Methodik durch eine integrierte Matrixkopplung, siehe Bild 2.10. Hierbei entfällt der hohe Aufwand zur iterativen Gleichgewichtsfindung der Relaxationsmethoden. Um eine effiziente Lösung eines nichtlinearen Problems mit partiell elasto-plastischem und rein elastischem Materialverhalten zu ermöglichen, wird die durch BEM diskretisierte Domäne als ein Abaqus User-Element definiert und somit in die FEM-Domäne integriert. Für die Lösung des resultierenden kombinierten Gleichungssystems wird die explizite Lösungsmethode von Abaqus verwendet, da hier die Möglichkeit besteht, das erforderliche User-Element entsprechend der Anforderungen der Matrixkopplung zu definieren. Durch die programmierte Subroutine wird das Verhalten der BEM-Domäne in die FEM-Domäne integriert, indem die extern erzeugte BEM-Steifigkeitsmatrix eingelesen und die Matrix-Vektor-Multiplikation mit dem Verschiebungsvektor definiert wird. [BAEC11b]

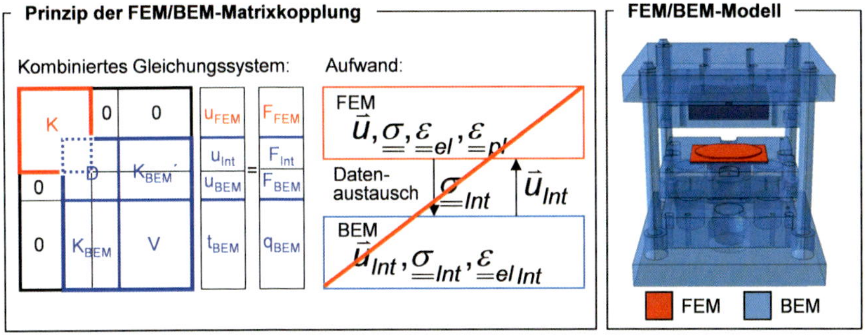

Bild 2.10: Prinzip der Matrixkopplung und FEM/BEM-Modell eines Tiefziehprozesses nach [BAEC11b]

Principle of the matrix coupling and FEM/BEM-model of a deep drawing process

Das ACA-Verfahren kommt dabei für die Approximation der BEM-Matrix zum Einsatz, um die Zeiteffizienz der Methode deutlich zu steigern. Mit einem auf dem Hertzschen Kontaktproblem basierenden, vereinfachten Benchmarkmodell wies BÄCKER grundlegend die Zeiteffizienz der kombinierten FEM/BEM-Methodik auf Basis der Matrixkopplung gegenüber der konventionellen FEM ohne Genauigkeitsverlust nach [BAEC11b]. Diese Simulationsmethode wurde weiterhin von BÄCKER ET AL. erstmalig für Prozesssimulationen des Festwalzens zur Berechnung der elastischen Werkstückverformung [BAEC10] und des Tiefziehens zur Bestimmung der Ziehkantenbelastungen eingesetzt [BAEC11a], [BAEC11b], [KLOC14]. Eine Anwendung der FEM/BEM-Methodik im Bereich der Kaltmassivumformung ist bisher nicht erfolgt.

2.3.2 Kombination von FEM und Fundamental Solution Method

Combination of FEM and Fundamental Solution Method

Ähnlich wie die BEM basiert die FSM auf der expliziten Kenntnis der Fundamentallösung eines zugrundeliegenden Differentialgleichungssystems. Laut SMYRLIS ist daher auch ihre Anwendbarkeit weitgehend identisch mit der BEM und fokussiert auf elliptische Systeme partieller Differentialgleichungen mit konstanten Koeffizienten [SMYR09]. KUPRADZE und ALEKSIDZE diskutierten erstmalig 1963 die Fundamentallösungsmethode [KUPR63]. SMYRLIS liefert eine Zusammenfassung der mathematisch-rigorosen Ergebnisse und einen guten Überblick über die Literatur der FSM in seiner Arbeit [SMYR09]. Die FSM zeichnet sich durch eine exponentielle Konvergenz, verbunden mit einer ebenfalls exponentiell wachsenden Konditionszahl der Systemmatrix, aus [GOLB96], [SMYR04]. Anders als bei der BEM ist für die Anwendung der FSM allerdings keine aufwendige analytische, numerische oder semianalytische mehrdimensionale Integration erforderlich. Dies erleichtert signifikant die Implementierung der FSM. Auch die Auswertung des Verschiebungsfelds und des Spannungstensors erfordert keine, wie bei der BEM notwendige, mehrdimensionale Integration. Zudem erfolgt bei der FSM keine örtliche Diskretisierung. Sie wird daher als gitterfreie Methode bezeichnet. Die FSM wird aufgrund ihrer zahlreichen Vorteile und der daraus resultierenden Effizienz in den Ingenieurwissenschaften häufig eingesetzt. Allerdings wird sie zurzeit fast ausschließlich auf zweidimensionale Probleme angewendet. [SMYR09]

Die wesentliche Herausforderung bei der Anwendung der FSM besteht in der Wahl der Kollokationspunkte auf der Oberfläche des zu untersuchenden Gebiets sowie der erforderlichen Singularitätspunkte außerhalb des Gebiets. Diese Punkte können a priori definiert werden, was insbesondere bei komplexen Geometrien eine Schwierigkeit darstellt. Des Weiteren kann die Auswahl der Punkte auch in den Lösungsalgorithmus integriert werden. Hieraus ergibt sich allerdings ein sehr kompliziertes, nichtlineares Problem. Wie auch bei der BEM ist die Matrix des resultierenden Systems der FSM voll besetzt und benötigt somit ebenfalls eine effektive Approximationsmethode. Im Vergleich mit der BEM-Matrix ist die der FSM jedoch zusätzlich sehr schlecht konditioniert. Die Konditionszahl wächst bei der FSM in der Regel exponentiell mit der Anzahl der Unbekannten. Aufgrund dieser Eigenschaften ist die Anwendung der FSM auf komplexe, dreidimensionale Probleme der Elastostatik derzeit nicht effizient. [KITA88], [GOLB96], [SMYR04]

Die Kombination von FEM und FSM zu einer gemeinsamen Lösungsprozedur ist bisher kaum erforscht. Es existieren erste Ansätze von GODINHO und SOARES zur Erforschung von gekoppelten akustischen/elasto-dynamischen Modellen auf Basis einer iterativen FEM/FSM-Methode für einfache numerische Anwendungsbeispiele. In dieser iterativen Kombination von FEM und FSM wird jede Domäne unabhängig voneinander gelöst und die Variablen im Übergangsbereich anschließend in einen Gleichgewichtszustand gebracht. Die FSM wird dabei angewendet, um die akustische Domäne abzubilden, wohingegen die elastodynamische Domäne mittels FEM modelliert wird. [GODI13a] Weiterhin untersuchen GODINHO ET AL. die FEM/FSM-Methode zur Berechnung von Boden-Struktur-Interaktionen im Bereich des Bauingenieurwesens. Die FSM wird hier zur Modellierung einer unendlichen Bodenumgebung und die FEM zur Abbildung einer elastischen Struktur herangezogen. [GODI13b]

2.3.3 Zwischenfazit

Preliminary conclusions

Eine beschleunigte Berechnung der Werkstück-Werkzeug-Interaktion kann durch die Kombination der nichtlinearen FEM (Werkstück) mit alternativen numerischen Simulationsmethoden der Elastostatik (Werkzeug) erreicht werden. Vorteil der BEM und der FSM ist die Zeiteffizienz bei gleichbleibender Genauigkeit. Ihre Anwendung ist allerdings lediglich auf Probleme mit einem linearen Verhalten beschränkt, wohingegen die FEM in der Lage ist, auch nichtlineares Verhalten abzubilden. Die Kombination von FEM und BEM und von FEM und FSM vereint die Vorteile der jeweiligen Methoden. Es existieren bereits diverse Ansätze und Anwendungen einer Kombination von FEM und BEM zur Lösung von Anfangs- und Randwertproblemen. Eine Anwendung der FEM/BEM-Methodik im Bereich der Kaltmassivumformung ist bisher nicht erfolgt. Die Kombination von FEM und FSM in einer gemeinsamen Lösungsprozedur ist derzeit kaum erforscht. Es existieren lediglich erste Ansätze auf Basis einer iterativen FEM/FSM-Methodik für einfache, numerische Anwendungsbeispiele.

2.4 Numerische Methoden zur Gestaltoptimierung in der Umformtechnik

Numerical methods for shape optimization in forming technology

Die präzise Kenntnis der Entwicklung von mechanischen Werkzeugbelastungen während eines Kaltmassivumformprozesses ermöglicht die Reduzierung dieser durch eine numerisch bestimmte, belastungsgerechte Auslegung der Werkzeuggeometrie. Durch eine iterative, numerische Werkzeuggestaltoptimierung können zum einen die Werkzeugstandmenge und zum anderen die Werkstückgenauigkeit gesteigert werden.

2.4.1 Algorithmen für die Gestaltoptimierung

Algorithms for shape optimization

Numerische Algorithmen ermöglichen eine Automatisierung des Optimierungsprozesses und vereinfachen somit die Definition des optimalen Designs. Das Optimierungsproblem muss hierbei lediglich definiert werden und anschließend erfolgt ein automatisierter iterativer Ablauf der Optimierung. Nachteilig an den numerischen Ansätzen sind die hohe Komplexität und die hohe Anzahl an Iterationsschritten, welche insbesondere für dreidimensionale Probleme eine hohe Rechenzeit erfordern. Die numerischen Algorithmen werden unterschieden zwischen probabilistischen und deterministischen Optimierungsmethoden. [JANS06], [BAEC11b]

Probabilistische Optimierungsmethoden basieren auf reinen Zufallsgrößen in ihrem Suchalgorithmus. Dieses Zufallsprinzip ist laut SPALL ein guter Ansatz für eine gute Leistungsfähigkeit des Algorithmus [SPAL03]. Aus Sicht von ODUGUWA ET AL. zeichnen sich die probabilistischen Methoden durch eine hohe Robustheit und Anpassungsfähigkeit aus und sind somit gut zur Lösung auch nichtlinearer, komplexer Probleme geeignet [ODUG05]. Es wird weiterhin bei den probabilistischen Ansätzen zwischen den Monte-Carlo-Methoden und den Evolutionsalgorithmen unterschieden. [BAEC11b]

Die deterministische Optimierungsmethode startet mit einer Zufallslösung und führt dann eine gerichtete Suche nach der optimalen Lösung in einer definierten Suchrichtung aus. Die dann vorliegende beste Lösung ist der Startpunkt für den darauffolgenden Suchschritt der identisch abläuft. Verschiedene deterministische Algorithmen unterscheiden sich laut DEB in der Definition ihrer Suchrichtung. [BAEC11b], [DEB00] Aus der Erforschung der klassischen, deterministischen Algorithmen resultierten zwei verschiedene Ansätze, welche beide eine hohe Leistungsfähigkeit erreichten. Der erste Ansatz stützt sich auf direkte Optimierungsmethoden auf Basis von mathematischen Programmierverfahren. Vorteilhaft für diese Methode ist ihre hohe Flexibilität. Häufig kann mittels dieses Ansatzes allerdings nur ein lokales Optimum gefunden werden. Das überwiegend für diesen Ansatz verwendete Verfahren ist gemäß ARORA

ET AL. sowie HOCK und SCHNITTKOWSKI das *Sequential Quadratic Programming* (SQP) [AROR91], [HOCK83]. Der zweite Ansatz für die deterministische Geometrieoptimierung basiert auf Optimalitätskriterien, welche am Optimum erfüllt sein müssen. Eine sehr weite Verbreitung hat hierzu das Verfahren des Fully-Stressed-Design gefunden. Das globale Konvergenzverfahren bei der Optimierung ist ein wesentlicher Vorteil dieses Verfahrens. Eine Herausforderung stellt laut MORRIS und NAGTEGALL die Formulierung der an das Problem angepassten Optimalitätskriterien dar [MORR82], [NAGT73]. Die verschiedenen, zur Formulierung der Optimalitätskriterien entwickelten Verfahren unterscheiden sich im Wesentlichen bezüglich ihrer Geometriebeschreibung. Es können zur Beschreibung einerseits Polynome und Splines [CHANG92], [YAO89] oder andererseits vordefinierte Geometrieelemente [VAND79] verwendet werden. Die Wahl eines geeigneten Optimierungsalgorithmus ist entscheidend für die effiziente und genaue Berechnung einer optimierten Werkzeuggeometrie, z.B. für Kaltmassivumformprozesse.

2.4.2 Anwendung der Gestaltoptimierung in der Massivumformung

Application of shape optimization in bulk forming

Die Weiterentwicklung von Simulationsmethoden zur iterativen Optimierung während Entwicklungsprozessen für Werkstück und Werkzeug sind laut VOLLRATH Gegenstand intensiver Forschungsarbeiten [VOLL13]. Der erforderliche, hohe Rechenaufwand für die automatisierte Gestaltoptimierung stand dieser Entwicklung bisher entgegen [ROY08]. Die durch moderne Hochleistungsrechner gestiegene, verfügbare Rechenleistung rückt solche iterativen Optimierungsansätze jedoch vermehrt in den Fokus. Die Verlässlichkeit und Qualität von Simulationsergebnissen kann durch eine iterative Gestaltoptimierung deutlich verbessert werden. Hierzu wird eine mathematisch definierte Zielfunktion auf Basis mehrerer automatischer Prozesssimulationen minimiert und somit ein Optimum für die analysierte Zielgröße bestimmt. Als Anwendungsbeispiele aus der Massivumformung für die Gestaltoptimierung nennen CHENOT ET AL. sowie VOLLRATH die Minimierung von Werkzeugbelastungen, Werkstückabweichungen und Prozesskräften durch Adaption von Werkzeugradien und Werkzeugschrägen, die Gewichtsoptimierung von Schmiederohlingen zur Material- und Kosteneinsparung sowie die Erhöhung der mechanischen Belastbarkeit von Bauteilen. [CHEN11], [VOLL13]

HALOUANI ET AL. diskutierten die Optimierung der Rohlingsgeometrie für einen mehrstufigen Kaltmassivumformprozess bei gleichzeitiger Minimierung des Vergleichsumformgrads im finalen Bauteil und der maximalen Umformkraft. Ein probabilistischer Evolutionsalgorithmus wurde zur Optimierung des zweidimensionalen FEM-Modells eingesetzt [HALO12]. CASTRO ET AL. verwendeten ebenfalls einen probabilistischen Evolutionsalgorithmus zur Optimierung der Starttemperatur und der Geometrie des Rohlings für einen Stauchprozess anhand eines zweidimensionalen Modells. Ziel der Optimierung war die möglichst genaue Realisierung der finalen Geometrie bei minimalem Energieverbrauch. [CAST04] ZHAO ET AL. untersuchten die numerische Auslegung der Werkzeuggeometrie eines mehrstufigen Schmiedeprozesses mit dem Ziel der Reduzierung der maximalen Prozesslast pro Stufe. Als Randbedingung für die Optimierung wurde das Erreichen der vollständigen Formfüllung ohne Faltenbildung definiert. Auf Basis eines probabilistischen Evolutionsalgorithmus wurde ein zweidimensionales, bezüglich fünf Höhen- und Durchmesserwerten parametrisiertes Werkzeugmodell optimiert und somit eine signifikante Kraftreduktion erreicht. [ZHAO11]

OU ET AL. verglichen die beiden probabilistischen Methoden Monte-Carlo-Simulation und Antwortflächenverfahren auf Basis von zweidimensionalen FEM-Modellen. Sie wendeten beide Methoden zur Gestaltoptimierung der Werkzeuggeometrie des Gesenkschmiedeprozesses einer Turbinenschaufel und des Vorwärtsfließpressprozesses eines Zylinders an. Die Reduktion der aus den elastischen Werkzeugverformungen resultierenden Maßabweichung an parametrisierten Punkten, bezogen auf die Bauteildicke im Fall der Turbinenschaufeln und bezogen auf den Radius im Fall des fließgepressten Zylinders, waren das Ziel der Optimierung. Mit beiden Ansätzen konnte eine zufriedenstellende Reduktion der Maßabweichungen erzielt werden, wobei der Rechenzeitbedarf bei dem Antwortflächenverfahren geringer als bei der Monte-Carlo-Simulation ausfiel. [OU12] CHEN ET AL. erforschten die Werkzeugauslegung zur net-shape Fertigung in der Kaltmassivumformung durch Optimierung der Armierungsvorspannung. Ziel der Optimierung war die Genauigkeitssteigerung der Werkstückgeometrie durch Ausgleich der elastischen Werkzeugdehnung und der Werkstückrückfederung auf Basis einer Minimierung der Abweichung zwischen idealer Matrizeninnenfläche und durch Vorspannung eingestellter Innenfläche. Mittels einer probabilistischen Monte-Carlo-Methode wurde das zweidimensionale FEM-Modell eines Stauchprozesses in geschlossener Matrize optimiert. Die Werkstückabweichungen konnten innerhalb weniger Mikrometer kontrolliert werden, allerdings lieferte die Optimierung eine komplexe und somit schwer fertigbare finale Werkzeuggeometrie. [CHEN04] Als aktuelle Herausforderung der numerischen Gestaltoptimierung von Werkzeuggeometrien sieht VOLLRATH zudem die erforderliche und bisher nur partiell implementierte enge Anbindung an die CAD-Umgebung zur Flächenrückführung sowie die meist zur Optimierung erforderliche vollständige Parametrisierbarkeit der teilweise als dreidimensionale Freiformflächen ausgeführten Werkzeugkonturen. [VOLL13]

2.4.3 Zwischenfazit

Preliminary conclusions

Die Kenntnis der mechanischen Werkzeugbelastungen ermöglicht ihre Reduzierung durch eine belastungsgerechte Werkzeugauslegung. Durch eine iterative Werkzeuggestaltoptimierung kann die Werkzeugstandmenge und die Werkstückgenauigkeit gesteigert werden. Numerische Algorithmen ermöglichen eine vereinfachte automatisierte Definition des optimalen Designs. Nachteilig an den numerischen Ansätzen sind die hohe Komplexität und die hohe Anzahl an Iterationsschritten, welche eine hohe Rechenzeit erfordern. Weiterhin ist das Optimierungsergebnis von der Genauigkeit der Prozesssimulationsmodelle abhängig. Dreidimensionale Modelle mit Modellierung der Werkstück-Werkzeug-Maschinen-Interaktionen führen zu einer weiteren Steigerung des Rechenbedarfs und verringern die Stabilität der Simulation. Die Weiterentwicklung von Simulationsmethoden zur iterativen Optimierung von Werkstück und Werkzeug auf Basis von 2D-Modellen ist derzeit Gegenstand von Forschungsarbeiten. Anwendungsbeispiele für die Gestaltoptimierung von 2D-Modellen in der Massivumformung sind die Minimierung von Werkzeugbelastungen, Werkstückabweichungen und Prozesskräften, die Gewichtsoptimierung des Rohlings sowie die Erhöhung der mechanischen Werkstückbelastbarkeit. Aktuelle Herausforderungen der numerischen Gestaltoptimierung von Werkzeuggeometrien bestehen, neben dem hohen Rechenzeitbedarf, in der meist erforderlichen, vollständigen Parametrisierbarkeit dreidimensionaler Werkzeugkonturen sowie dem Transfer der Ergebnisse an die CAD-Umgebung zur Flächenrückführung.

2.5 Wirtschaftliche und wissenschaftliche Problemstellung

Economic and scientific problem

Die aus dem aktuellen Stand der Erkenntnisse abzuleitenden Problemstellungen sind wirtschaftlich und wissenschaftlich relevant. Die wirtschaftliche Problemstellung dieser Arbeit besteht in dem verfrühten Werkzeugversagen und den Abweichungen der Werkstückgeometrie aufgrund der hohen mechanischen Werkzeugbelastungen bei Kaltmassivumformprozessen. Hieraus resultiert eine vermeidbare Erhöhung der Kosten für industrielle Unternehmen. Das im Rahmen der Dissertation adressierte wissenschaftliche Problem liegt in der derzeit unzureichenden Erklärung der physikalischen Wechselwirkungen und Ursache-Wirkungs-Zusammenhänge zwischen Werkstück, Werkzeug und Maschine in der Kaltmassivumformung sowie deren Effekte auf die mechanischen Werkzeugbelastungen und damit die resultierende Werkstückgeometrie. Hierzu fehlen gegenwärtig zeiteffiziente numerische Methoden, welche eine stabile, dreidimensionale Modellierung der Prozess-Werkzeug-Maschinen-Interaktionen ermöglichen. Um komplexe und umfassende Optimierungsaufgaben zur numerischen Auslegung einer belastungsgerechten Werkzeuggeometrie zeiteffizient realisieren zu können, muss daher eine neuartige Simulationsmethodik entwickelt und deren Anwendung umfassend untersucht werden. Zudem muss die Integration der Simulationsmethodik in einen geeigneten numerischen Optimierungsalgorithmus erfolgen.

3 Forschungsziel und Vorgehensweise

Research objective and methodology

Gegenstand dieser Dissertation ist die Entwicklung und Erforschung der Anwendung einer zeiteffizienten, numerischen Simulationsmethode basierend auf einem umfassenden Modellierungsansatz mit dem Ziel der Ermöglichung einer belastungsgerechten Auslegung der Geometrie von Werkzeugen für die Kaltmassivumformung. Der umfassende dreidimensionale Ansatz beinhaltet die Modellierung der Interaktion zwischen Werkstück, Werkzeug und Maschine. Durch eine iterative, numerische Werkzeuggestaltoptimierung kann zum einen die Werkzeugstandmenge und zum anderen die Werkstückgenauigkeit gesteigert werden.

Die wissenschaftliche Neuerung liegt in der erstmaligen Kombinatorik der numerischen Methoden FEM und BEM für die stabile und zeiteffiziente Berechnung von mechanischen Werkzeugbelastungen in der Kaltmassivumformung. Weiterhin erfolgt die erstmalige Erforschung einer integrierten FEM/FSM-Simulationsmethodik für elasto-mechanische Problemstellungen zur weiteren Steigerung der Zeiteffizienz. Neu ist zudem die Verwendung eines umfassenden dreidimensionalen Ansatzes für eine numerische Gestaltoptimierung, welcher die Modellierung der Interaktion zwischen Werkstück, Werkzeug und Maschine beinhaltet. Durch Integration der FEM/BEM-Simulationsmethode in einen numerischen Algorithmus zur Gestaltoptimierung kann trotz einer hohen Anzahl an iterativen Optimierungsschritten eine zeiteffiziente Berechnung der optimierten Werkzeuggeometrie realisiert werden.

Der wissenschaftliche Ertrag besteht in der Erforschung neuer Erkenntnisse über die Ursache-Wirkungs-Zusammenhänge zwischen Werkstück, Werkzeug und Maschine im Kaltmassivumformprozess auf Basis der detaillierten numerischen Betrachtung der Wechselwirkungen. Durch die numerische Modellierung wird ein wichtiger Beitrag für das tiefgehende Verständnis der Wechselwirkungen erarbeitet, welcher einen hohen Grad an Originalität aufweist. Das generierte Verständnis erlaubt die Erweiterung des derzeit nur unvollständig erforschten Technologiewissens bezüglich der Wirkzusammenhänge zwischen elastischer Maschinenverformung, mechanischer Werkzeugbelastung und resultierender Werkstückgeometrie.

Um die derzeitigen wissenschaftlichen Defizite auszuräumen, liegt der Dissertation die folgende übergeordnete Forschungshypothese zugrunde:

Eine zeiteffiziente und belastungsgerechte Geometrieauslegung von Kaltmassivumformwerkzeugen lässt sich durch eine numerische Gestaltoptimierung basierend auf einer FEM/BEM-Simulationsmethodik erreichen, welche eine dreidimensionale Modellierung des Werkzeugsystems sowie ein analytisches, quasistatisches Maschinenmodell umfasst.

Basierend auf der Forschungshypothese werden drei Unterthesen formuliert, welche in den nachfolgenden Kapiteln einzeln verifiziert werden:

1. Die umformtechnische Prozesssimulation mit der FEM/BEM-Simulationsmethodik und dreidimensionaler Modellierung des gesamten Werkzeugsystems erlaubt die zeiteffiziente Berechnung und präzise Vorhersage der mechanischen Belastungen von Kaltmassivumformwerkzeugen.
2. Durch die analytische Modellierung des elastischen, quasistatischen Maschinenverhaltens zur Abbildung der Werkstück-Werkzeug-Maschinen-Interaktionen lässt sich die Abbildungsgenauigkeit der FEM/BEM-Prozesssimulation weiter steigern.
3. Die Integration der FEM/BEM-Simulationsmethodik in eine numerische Gestaltoptimierung ermöglicht eine umfassende und zeiteffiziente Auslegung der Geometrie von Kaltmassivumformwerkzeugen.

Es ergibt sich die folgende prinzipielle Vorgehensweise zur Verifikation der übergeordneten Forschungshypothese durch Verifikation der einzelnen Unterthesen, siehe Bild 3.1:

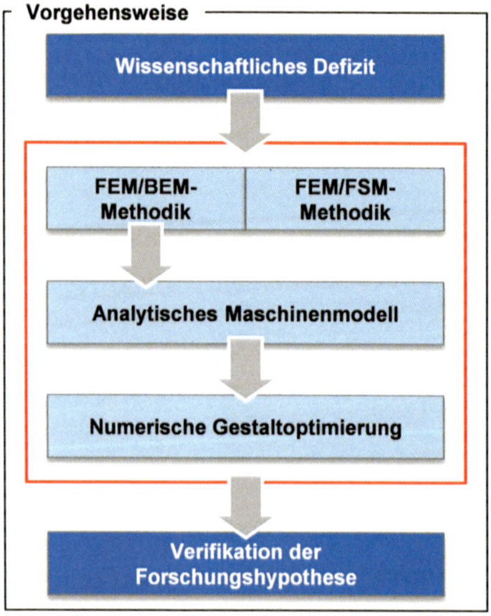

Bild 3.1: Vorgehensweise zur Verifikation der Forschungshypothese
Approach for the verification of the research hypothesis

Forschungsmethodik und Vorgehensweise sind induktiv. Ausgehend von grundlegenden Erkenntnissen zu einem spezifischen Prozess des Fließpressens in Form des Querfließpressprozesses werden allgemeingültige Aussagen für die Kaltmassivumformung abgeleitet. Die Verifikation der einzelnen Unterthesen erfolgt empirisch-analytisch durch Beschreibung und Erklärung von Zusammenhängen, Erkenntnissen und Beobachtungen aus Experimenten und numerischen Prozesssimulationen.

4 Zeiteffiziente Simulation von mechanischen Werkzeugbelastungen

Time-efficient simulation of mechanical tool loads

Ziel der in diesem Kapitel beschriebenen Forschungsarbeiten ist die Realisierung einer präzisen, im Vergleich zur konventionellen FEM zeiteffizienteren numerischen Berechnung von mechanischen Werkzeugbelastungen. Das Kapitel befasst sich daher mit Unterthese 1:

Die umformtechnische Prozesssimulation mit der FEM/BEM-Simulationsmethodik und dreidimensionaler Modellierung des gesamten Werkzeugsystems erlaubt die zeiteffiziente Berechnung und präzise Vorhersage der mechanischen Belastungen von Kaltmassivumformwerkzeugen.

Diese These wird im Folgenden anhand empirischer Untersuchungen auf Basis von Experimenten und numerischen Prozesssimulationen eines Kaltmassivumformprozesses überprüft. Hierzu wird erstmals die Anwendung der FEM/BEM-Simulationsmethodik zur numerischen Berechnung der Werkzeugbelastungen eines Kaltmassivumformprozesses mittels einer Prozesssimulation erforscht und diskutiert. Des Weiteren wird die Erforschung einer neuen FEM/FSM-Simulationsmethodik beschrieben. Zunächst werden hierzu der theoretische Hintergrund sowie die Eigenschaften der FSM erläutert und anschließend die erstmalige Kombination von FEM und FSM zu einer integrierten Lösungsprozedur dargestellt. Darauf aufbauend erfolgt eine Evaluierung der FEM/FSM-Simulationsmethodik anhand eines dreidimensionalen Modellproblems. Weiterhin wird die experimentelle Analyse der mechanischen Werkzeugbelastungen anhand der Messung der radialen, elastischen Werkzeugdehnung beschrieben. Am Ende des Kapitels stehen die Validierung der numerischen Ergebnisse der Prozesssimulationen sowie ein Zwischenfazit, welches die Verifikation der ersten Unterthese enthält.

4.1 FEM/BEM-Simulationsmethodik zur kombinierten numerischen Prozesssimulation in der Kaltmassivumformung

FEM/BEM-simulation methodology for the combined numerical process simulation in cold forging

In diesem Abschnitt werden die gegenwärtigen Defizite der in Kapitel 2.3.1 beschriebenen, von BÄCKER ET AL. entwickelten FEM/BEM-Simulationsmethodik für die Anwendung in der Kaltmassivumformung aufgezeigt [BAEC11b], [ELLE09]. Die FEM/BEM-Simulationsmethodik wird ferner entsprechend der erforderlichen Eigenschaften zur kombinierten Modellierung des gesamten Werkzeugsystems für die Simulation eines Kaltmassivumformprozesses erweitert. Hierfür werden die notwendigen Eigenschaften zur Abbildung des gesamten Werkzeugsystems beschrieben. Für eine praktikable Anwendung der FEM/BEM-Simulationsmethodik ist laut BÄCKER eine grafische Benutzeroberfläche erforderlich [BAEC11b]. Daher wird ebenfalls eine neue grafische Benutzeroberfläche auf Basis dieser Anforderungen entwickelt. Die Umsetzung der Erweiterungen der grafischen Benutzeroberfläche erfolgte in Zusammenarbeit mit der Forschungsgruppe von Prof. Rjasanow an der Universität des Saarlandes im Rahmen des von der Deutschen Forschungsgemeinschaft geförderten, gemeinsamen Forschungsprojekts „Effiziente numerische Methoden zur Werkzeugoptimierung in der Kaltmassivumformung".

4.1.1 Erforderliche Eigenschaften zur kombinierten Modellierung des gesamten Werkzeugsystems

Required characteristics for the combined modelling of the complete tool system

Ein Defizit der von BÄCKER ET AL. entwickelten FEM/BEM-Simulationsmethodik besteht in der komplexen Anwendung aufgrund der Integration von verschiedenen Relaxationskopplungsmethoden und der integrierten Matrixkopplung innerhalb einer gemeinsamen grafischen Benutzeroberfläche. Untersuchungen von BÄCKER haben gezeigt, dass die integrierte Matrixkopplung die effizienteste Methode darstellt. [BAEC11b] Daher kann zur Reduktion der Komplexität die grafische Benutzeroberfläche auf diese Kopplungsart reduziert werden. Des Weiteren haben die Ausführungen in Kapitel 2.2.2 des Stands der Erkenntnisse gezeigt, dass Prozesssimulationen für die Kaltmassivumformung auf Basis der Modellierung des gesamten Werkzeugsystems eine hohe Komplexität aufweisen. Das gesamte Werkzeugsystem besteht aus Aktivelementen mit direktem Kontakt zu dem Werkstück und weiteren Komponenten, wie z.B. dem Werkzeuggrundkörper, ohne direkten Kontakt. Das elastische Verhalten all dieser Werkzeugkomponenten beeinflusst jedoch den Kaltmassivumformprozess. Daher ist es für eine hinreichend genaue Abbildung erforderlich, alle Werkzeugkomponenten zu modellieren. Hieraus resultiert die Herausforderung für die FEM/BEM-Simulationsmethodik, dass mehrere Werkzeugkomponenten stabil modelliert werden können und der Kontakt zwischen den Komponenten abgebildet werden kann. Bei der bestehenden FEM/BEM-Simulationsmethodik muss gegenwärtig der für die Modellierung mehrerer Domänen erforderliche *mass scaling factor* für jede einzelne BEM-Domäne aufwendig manuell ermittelt werden. Hinsichtlich der Abbildung des Kontakts zwischen den einzelnen Modellkomponenten kann die bereits von BÄCKER angewendete Kontaktdefinition verwendet werden, die in Kapitel 4.3.3 beschrieben wird und entsprechend umgesetzt wurde. Zudem weist die bestehende Simulationsmethodik das Defizit auf, dass neben der BEM keine alternativen numerischen Methoden für die Kombination mit der FEM verwendet werden können. Der Entwicklungsbeitrag dieser Arbeit zur Erweiterung der kombinierten FEM/BEM-Simulationsmethodik von BÄCKER ET AL. liegt somit in der Vereinfachung der Anwendung, in der Verbesserung der numerischen Stabilität bei der Modellierung mehrerer BEM-Domänen und in der Ermöglichung der Kombination der FEM mit weiteren numerischen Simulationsmethoden neben der BEM.

4.1.2 Weiterentwicklung der FEM/BEM-Simulationsmethodik und Implementierung in eine grafischen Benutzeroberfläche

Enhancements of the FEM/BEM-simulation methodology and implementation in an adapted graphical user interface

Die grafische Benutzeroberfläche dient zur Bereitstellung der Schnittstelle zwischen der FEM/BEM-Simulationsmethodik und der hierzu eingesetzten kommerziellen FE-Software Abaqus 6.10. Sie wurde gegenüber den Arbeiten von BÄCKER ET AL. zunächst auf die wesentlichen, erforderlichen Funktionen zur kombinierten FEM/BEM-Modellierung des gesamten Werkzeugsystems mit der integrierten Matrixkopplung reduziert und entsprechend angepasst programmiert [BAEC11b], [ELLE09]. Das *Preprocessing* der FEM/BEM-Simulationsmethodik, welches z.B. die Definition der Modellgeometrie, der Materialeigenschaften und der Randbedingungen beinhaltet, erfolgt in der Softwareumgebung von Abaqus 6.10, siehe Bild 4.1.

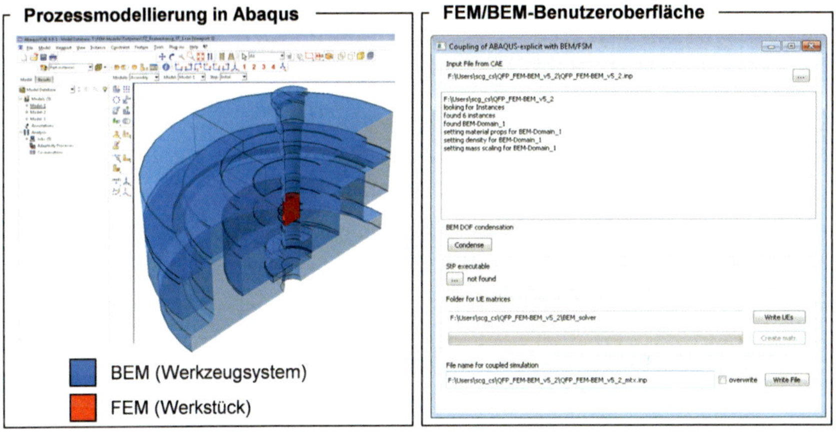

Bild 4.1: Kombinierte numerische Prozesssimulation mit der FEM/BEM-Simulationsmethodik

Combined numerical process simulation with the FEM/BEM-simulation methodology

Beim *Preprocessing* unterscheidet sich das Vorgehen nicht von der Erstellung einer konventionellen FE-Prozesssimulation mit Abaqus. Lediglich die Verwendung einiger vordefinierter Bezeichnungen ist zur Definition der BEM-Domänen erforderlich. Nach Abschluss des *Preprocessing* in Abaqus wird eine *Input* Datei des Modells geschrieben, die alle Modellinformationen in Textform beinhaltet und in die neue, erweiterte, grafische Benutzeroberfläche der FEM/BEM-Simulationsmethodik eingelesen wird. Es erfolgt eine automatische Erkennung der für die BEM relevanten Informationen, wie z.B. die Anzahl der Instanzen im Modell, die Knotenanzahl der BEM-Domäne sowie die Knoten im Kontaktbereich zwischen FEM- und BEM-Domäne aus den in der *Input* Datei definierten Modelleigenschaften. Die erweiterte grafische Benutzeroberfläche detektiert nun erstmalig, ebenfalls automatisch, die Materialeigenschaften jeder BEM-Domäne in Form des E-Moduls, der Querkontraktionszahl und der Dichte. Aus diesen Materialparametern sowie der Berechnung des Volumens der jeweils entsprechenden BEM-Domäne ermittelt die hinterlegte FEM/BEM-Simulationsmethodik nun auch selbstständig den sogenannten *mass scaling factor*. Dieser Faktor ist für die Definition mehrerer BEM diskretisierten Domänen als ein Abaqus User-Element zwingend erforderlich. Die automatisierte Bestimmung dieses Faktors direkt aus den Materialeigenschaften der einzelnen BEM-Domänen führte zu einer Erhöhung der Stabilität der FEM/BEM-Simulationsmethodik bei der Modellierung mehrerer kombinierter FEM- und BEM-Domänen. [DASS14a]

Eine weitere Steigerung der Zeiteffizienz der FEM/BEM-Simulationsmethodik kann durch eine Reduktion der Knotenanzahl in dem BEM User-Element mittels Kondensierung der zugehörigen Steifigkeitsmatrix erzielt werden. Bei der Kondensierung der Matrix werden die inneren Freiheitsgrade des Elements eliminiert. Es werden nur die Knoten berücksichtigt, für die Rand- und Kontaktbedingungen im Modell definiert sind. Die restlichen Knoten werden in der Steifigkeitsmatrix ausgeblendet. Somit verbleiben nur die Knoten, welche auf der Berührungsfläche zwischen der FEM- und der BEM-Domäne liegen. [BAEC11b] Die neue grafische Benutzeroberfläche ermöglicht weiterhin die Erstellung kondensierter Steifigkeitsmatrizen für die modellierten BEM-Domänen durch eine entsprechende Schaltfläche und den entsprechenden hinterlegten Quellcode für die FEM/BEM-Simulationsmethodik.

Die Simulationsmethodik und die erweiterte grafische Benutzeroberfläche wurden weiterhin um die Möglichkeit der Auswahl alternativer numerischer Methoden zur Erstellung der erforderlichen Steifigkeitsmatrizen für die kombinierte Simulationsmethodik erweitert. Somit können nun erstmalig neben der BEM auch weitere alternative Simulationsmethoden, wie z.B. die FSM, mit der FEM kombiniert werden. Nach der Definition der Methode erfolgt die automatisierte Erstellung der entsprechenden Steifigkeitsmatrix und der weiteren für das Abaqus User-Element erforderlichen Dateien. Im letzten Schritt erfolgt wie auch in der grafischen Benutzeroberflächen von BÄCKER die Anpassung der *Input* Datei mit den erforderlichen Definitionen für das Abaqus User-Element, welches die BEM-Domäne repräsentiert [BAEC11b].

Mit der modifizierten *Input* Datei kann nun entsprechend der Vorgehensweise bei einem konventionellen FEM-Modell in Abaqus die Prozesssimulation gestartet werden. Durch das programmierte Abaqus User-Element wird während der Prozesssimulation zu den gegebenen, diskreten Verschiebungsfeldern durch Matrix-Vektor-Multiplikation mit der BEM-Steifigkeitsmatrix das passende, diskrete Spannungsfeld im Kontaktbereich zwischen FEM- und BEM-Domänen bestimmt. Das *Postprocessing* der numerischen Ergebnisse der Prozesssimulation erfolgt daher ebenfalls konventionell mit der FE-Software Abaqus. In den folgenden Kapiteln der Arbeit erfolgt die Erforschung der Anwendung der FEM/BEM-Simulationsmethodik für die Prozesssimulation eines Kaltmassivumformprozesses. Hierzu wurde die neu entwickelte und erweiterte, grafische Benutzeroberfläche verwendet.

4.2 Ansatz zu einer FEM/FSM-Simulationsmethodik

Approach for a FEM/FSM-simulation methodology

BÄCKER hat in seinen Untersuchungen nachgewiesen, dass der Ansatz der Gebietszerlegung mit der FEM/BEM-Simulationsmethodik zu einer signifikanten Steigerung der Effizienz bei der Simulation von kombinierten Modellen mit elastoplastischen und rein elastischen Bereichen gegenüber der FEM führt [BAEC11b]. Bei Verwendung der klassischen FEM ist für die zusätzliche örtliche Diskretisierung von Werkzeugen aufgrund des großen Volumenunterschieds zwischen Werkstück und Werkzeug eine deutlich höhere Anzahl an finiten Elementen erforderlich. Eine Steigerung der Zeiteffizienz der Prozesssimulation mit Modellierung der Werkstück-Werkzeug-Interaktionen kann ebenfalls durch die Kombination der nichtlinearen FEM (Werkstück) mit der FSM (Werkzeug) erreicht werden. Die Kombination von FEM und FSM in einer gemeinsamen Lösungsprozedur ist allerdings bisher kaum erforscht. Es existieren derzeit lediglich erste Ansätze auf Basis einer iterativen FEM/FSM-Methodik für einfache, numerische Anwendungsbeispiele. Die wissenschaftliche Neuerung in diesem Kapitel besteht daher in der erstmaligen Erforschung einer ebenfalls, im Vergleich zur konventionellen FEM, zeiteffizienteren integrierten FEM/FSM-Simulationsmethodik für dreidimensionale elasto-mechanische Probleme. Die wesentliche Herausforderung bei der Anwendung der FSM besteht in der Wahl der Kollokationspunkte auf der Oberfläche des zu untersuchenden Gebiets und der ebenfalls erforderlichen Singularitätspunkte außerhalb des Gebiets. Die zielführende Definition dieser Punkte stellt ein wesentliches Stabilitätskriterium der Methode sowie insbesondere bei dreidimensionalen Geometrien eine Schwierigkeit dar.

4.2.1 Grundlagen und Eigenschaften der FSM

Fundamentals and properties of FSM

Die FSM ermöglicht die Lösung des einem Randwertproblem zugrunde liegenden Differentialgleichungssystems auf Basis der expliziten Kenntnis der Fundamentallösung. Bei der Fundamentallösung handelt es sich um ein Hilfsmittel zur Lösung partieller Differentialgleichungen. Die Singularitäten der als Basis-Funktionen verwendeten Fundamentallösungen werden dabei explizit außerhalb des betrachteten Gebiets definiert. Die Anwendbarkeit der FSM ist weitgehend identisch mit der BEM. Im Gegensatz zur BEM erfordert die Anwendung der FSM allerdings keine aufwendige mehrdimensionale Integration und auch für die Auswertung des Verschiebungsfelds und des Spannungstensors ist keine mehrdimensionale Integration erforderlich. Dies vereinfacht die numerische Implementierung der FSM. Der entscheidende Vorteil der FSM gegenüber der BEM besteht zudem in der extrem schnellen Konvergenz der Methode. Nachteilig ist jedoch die in Abhängigkeit der Anzahl der Unbekannten exponentiell wachsende Konditionszahl der Systemmatrix. Wird die FSM auf großflächige Gebiete angewendet so ergibt sich auch eine hohe Konditionszahl. Die Matrix des resultierenden Systems der FSM ist, wie auch bei der BEM, voll besetzt. Somit ist für eine effiziente Anwendung ebenfalls eine Approximierung erforderlich. Im Vergleich zur BEM-Systemmatrix ist die FSM-Matrix jedoch zusätzlich sehr schlecht konditioniert. [FLEC12], [KITA88], [GOLB96], [SMYR04], [SMYR09]

Die FSM benötigt im Gegensatz zur FEM und BEM keine örtliche Diskretisierung in zusammenhängende Elemente. Sie wird daher als gitterfreie Methode bezeichnet. Allerdings erfordert die FSM zur Lösung des Randwertproblems die Definition von sogenannten Kollokationspunkten auf der Oberfläche des betrachteten Gebiets. Diese können z.B. anhand der Knotenpunkte eines auch für die BEM verwendbaren Oberflächennetzes abgeleitet werden. Die wesentliche Herausforderung, die bei der Anwendung der FSM für reale Geometrien besteht, ist die Wahl der Position der Kollokationspunkte auf der Oberfläche des zu untersuchenden Gebiets sowie der zusätzlich erforderlichen Singularitätspunkte außerhalb des Gebiets. Diese Punkte müssen a priori definiert werden. Für die Positionierung der Singularitätspunkte lässt sich das Konzept des Pseudorands anwenden, welches die Oberflächen, auf denen die Singularitätspunkte verortet sind, definiert. Der Pseudorand und somit die Position der Singularitätspunkte kann für Gebiete mit einfachen geometrischen Formen durch Verschiebung der Kollokationspunkte um den Abstand p zum Rand erzeugt werden, siehe Bild 4.2. Diese Strategie ist allerdings für komplexe Geometrien nicht geeignet. In Fällen, in denen die FSM eine geringe Abbildungsgenauigkeit aufweist, kann die Stabilität der Methode durch einen kleinen Abstand zwischen Gebietsrand und Pseudorand erhöht werden, was allerdings die Konvergenzgeschwindigkeit reduziert. [FLEC12], [SMYR09]

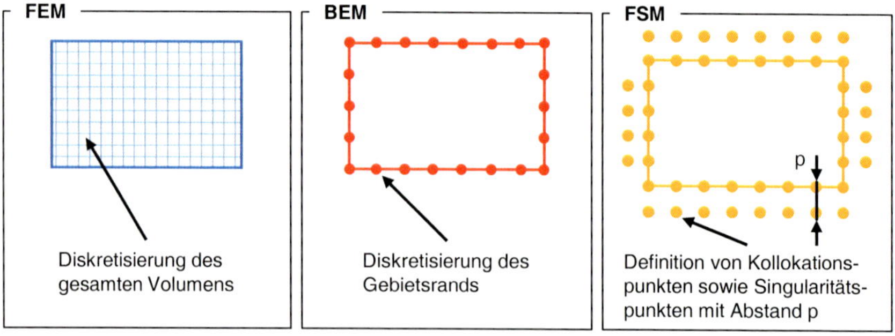

Bild 4.2: Vergleich der Gebiete zwischen FEM, BEM und FSM
Comparison of the domains between FEM, BEM and FSM

In der Forschungsgruppe von Prof. Rjasanow an der Universität des Saarlandes wurde erfolgreich die konventionelle FSM für dreidimensionale, elasto-mechanische Probleme implementiert. Diese FSM-Implementierung wurde für die im Rahmen dieser Dissertation erfolgten Untersuchungen verwendet. Die Evaluierung der Umsetzung anhand numerischer Beispiele zeigte, dass, wie von der FSM erwartet, große Konditionszahlen der Systemmatrizen auftraten. Ein Verlust der Genauigkeit der Approximation trat in den numerischen Experimenten allerdings erst bei sehr großen Konditionszahlen von ca. 10^{20} auf. [FLEC12]

4.2.2 Kombination von FEM und FSM

Combination of FEM and FSM

Die Kombination von FEM und FSM in einer gemeinsamen Lösungsprozedur ist gegenwärtig nur unzureichend erforscht. Derzeit existieren lediglich erste Ansätze für einfache numerische Anwendungsbeispiele auf Basis einer iterativen Kombination von FEM und FSM [GODI13b]. In Zusammenarbeit mit der Forschungsgruppe von Prof. Rjasanow an der Universität des Saarlandes erfolgte daher die Integration der zuvor beschriebenen FSM-Implementierung in eine FEM/FSM-Simulationsmethodik auf Basis der Software Abaqus. Die FEM/FSM-Simulationsmethodik ist generell mit der FEM/BEM-Simulationsmethodik mit nichtsymmetrischer BEM-Formulierung verwandt. Die Realisierung der Kombination erfolgte daher analog zu der bereits bestehenden und in Kapitel 4.1 diskutierten FEM/BEM-Simulationsmethodik. Auch hier ermöglicht eine integrierte Matrixkopplung die Lösung der kombinierten FEM- und FSM-Domänen in einem gemeinsamen Solver. Dadurch entfällt der hohe Aufwand zur Gleichgewichtsfindung der derzeit bekannten iterativen Kombination von FEM und FSM. Die durch FSM modellierte Domäne wurde, wie zuvor die BEM-Domäne, als ein Abaqus User-Element definiert und hierdurch in die FEM-Domäne integriert. Für die Lösung des resultierenden kombinierten Gleichungssystems wurde erneut der explizite Solver von Abaqus verwendet. Durch das programmierte Abaqus User-Element wird während der Prozesssimulation zunächst die externe, durch die FSM-Implementierung erzeugte FSM-Steifigkeitsmatrix eingelesen. Anschließend wird zu gegebenen diskreten Verschiebungsfeldern im Kontaktbereich zwischen FEM-Domäne und FSM User-Element das passende diskrete Spannungsfeld durch Matrix-Vektor-Multiplikation der FSM-Steifigkeitsmatrix mit dem Verschiebungsvektor bestimmt und zurückgegeben.

Die in Kapitel 4.1.2 beschriebene Weiterentwicklung der grafischen Benutzeroberfläche beinhaltete bereits die Möglichkeit der Auswahl einer Methode zur Erstellung der erforderlichen Steifigkeitsmatrix für die kombinierte Simulationsmethodik. Somit kann auf Basis der erstellten Benutzeroberfläche neben der BEM auch die FSM mit der FEM kombiniert werden. Nach der Auswahl der FSM-Implementierung erfolgt die Erstellung der FSM-Steifigkeitsmatrix sowie der weiteren für das Abaqus User-Element erforderlichen Modifikationen der *Input* Datei. Das *Postprocessing* der numerischen Ergebnisse der FEM/FSM-Simulationsmethodik kann aufgrund der gemeinsamen Lösung des Problems mit dem expliziten Solver von Abaqus ebenfalls konventionell mit der Softwareumgebung von Abaqus durchgeführt werden.

4.2.3 Evaluierung der Methodik anhand eines dreidimensionalen Modellproblems

Evaluation of the method by means of a three-dimensional model problem

Mit dem Ziel der Evaluierung der Leistungsfähigkeit der entwickelten FEM/FSM-Simulationsmethodik wurde die Methodik auf ein dreidimensionales Modellproblem angewendet. Hierzu erfolgte zunächst die Definition des Modellproblems in Form eines numerischen Modells. Anschließend wurde ein Vergleich zwischen den numerischen Ergebnissen des Modellproblems der FEM/BEM-Simulationsmethodik und der FEM/FSM-Simulationsmethodik durchgeführt, welcher nachfolgend beschrieben und diskutiert wird.

Definition des Modellproblems

Für die Erstellung des Geometriemodells des dreidimensionalen Modellproblems wurden zwei identische Quader mit einer Kantenlänge von jeweils 3 mm erstellt. Diese wurden fluchtend, in Reihe liegend angeordnet. Für das FEM/BEM- beziehungsweise FEM/FSM-Modell wurde der linke Quader mit dreidimensionalen, finiten Volumenelementen modelliert. Der rechte Quader hingegen wurde zum einen mittels BEM und zum anderen mittels FSM modelliert, siehe Bild 4.3. Da beide Quader identische Abmaße aufweisen, beträgt das Volumenverhältnis von FEM- zu BEM/FSM-Bereichen somit 1:1. Anschließend wurde eine geeignete örtliche Diskretisierung für die Modellkomponenten definiert. In beiden numerischen Modellen wurde der FEM-Quader durch 1000 hexagonale Elemente mit acht Knotenpunkten vom Typ C3D8R diskretisiert. Für das kombinierte FEM/BEM-Modell erfolgte aufgrund der Anforderungen aus der FEM/BEM-Simulationsmethodik die Diskretisierung des BEM-Quaders mit einer Anzahl von 1200 Shellelementen mit drei Knotenpunkten vom Typ S3R. Wie in Kapitel 4.2.1 beschrieben wurde die Definition der Kollokationspunkte auf der Oberfläche des betrachteten FSM-Gebiets für das FEM/FSM-Modell anhand der Knotenpunkte des BEM-Oberflächennetzes festgelegt.

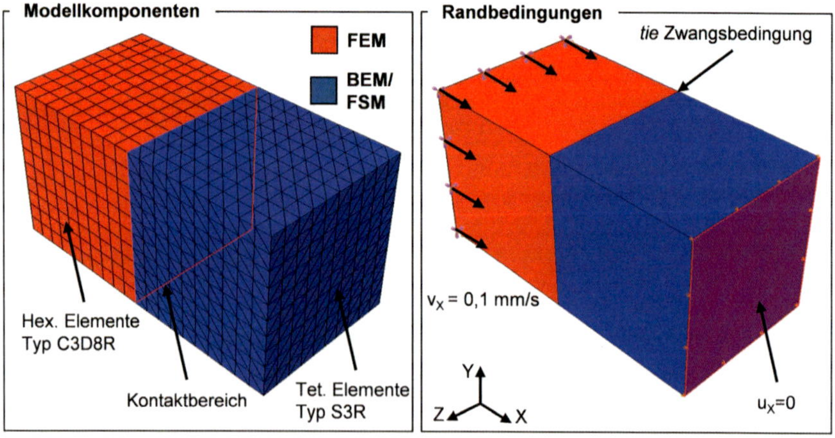

Bild 4.3: Definition der Modellkomponenten, der Kontaktbedingungen und der Randbedingungen für das Modellproblem

Definition of model parts, contact definitions and boundary conditions for the model problem

Die Wechselwirkungen zwischen den interagierenden Modellkomponenten und die dabei auftretenden Reibungseffekte werden durch die Definition von Kontaktbedingungen festgelegt. In dem dreidimensionalen Modellproblem wurden keine Reibungseffekte berücksichtigt. Der Kontaktbereich zwischen FEM und BEM beziehungsweise FSM wurde mittels der *tie* Zwangsbedingung definiert. Diese bewirkt, dass jeder Knoten auf der *Slave*-Oberfläche (BEM/FSM) den identischen Verschiebungs- sowie Spannungswert wie der entsprechende Punkt auf der *Master*-Oberfläche (FEM) erhält. Für das Modellproblem erfolgte die Annahme, dass alle Modellkomponenten lediglich eine linear-elastische Verformung erfahren. Somit wurde das Materialverhalten durch das verallgemeinerte Hookesche Gesetz für isotrope Medien modelliert. Zur Beschreibung der wesentlichen Eigenschaften der elastischen Deformation wurden ein E-Modul von $E = 210000$ MPa und eine Querkontraktionszahl von $\nu = 0{,}3$ definiert. Zudem erfolgte die Definition einer Materialdichte von $\rho = 7{,}85$ g/cm^3. Durch Definition der Randbedingungen lassen sich die Freiheitsgrade der Bewegung der einzelnen Modellkomponenten einschränken. Zur Erzwingung einer linear-elastischen Deformation der beiden Modellkomponenten wurde der Freiheitsgrad der Bewegung der rechten Außenfläche des BEM/FSM-Quaders in X-Richtung fixiert ($u_X = 0$), während für die linke Außenfläche des FEM-Quaders eine Geschwindigkeit von $v_X = 0{,}1$ mm/s definiert wurde. Die Geschwindigkeit wurde konstant über einen Zeitbereich von $t = 0{,}001$ s aufgebracht.

Numerische Ergebnisse des Modellproblems

Wie in Kapitel 4.2.1 beschrieben, besteht eine der wesentlichen Herausforderungen für die Anwendung der FEM/FSM-Simulationsmethodik in der a priori Definition der Position der Singularitätspunkte außerhalb des FSM-Gebiets. Insbesondere die Stabilität und damit auch die Abbildungsgenauigkeit der FSM sind von der Position der Singularitätspunkte abhängig. Bei der FSM-Domäne des Modellproblems handelt es sich um eine einfache Geometrie, sodass hier das Konzept des Pseudorands zur Definition der Oberfläche, auf denen die Singularitätspunkte positioniert sind, angewendet werden kann. Hierfür ist allerdings der Abstand p zum Rand des FSM-Gebiets zu definieren, um den die Kollokationspunkte auf der Oberfläche in Normalenrichtung verschoben werden. Hierzu wurden für verschiedene Pseudorandabstände die Steifigkeitsmatrizen für die FSM-Domäne des Modellproblems mittels der FSM-Implementierung erzeugt. Da sich die mit BEM und FSM erzeugten Steifigkeitsmatrizen bezüglich ihrer Struktur und ihres Aufbaus sehr ähnlich sind, wurde eine erste Abschätzung der Abbildungsgenauigkeit der FSM durch einen Vergleich der durch FSM erzeugten Steifigkeitsmatrizen mit der BEM-Steifigkeitsmatrix vorgenommen. Die Ergebnisse der Genauigkeitsabschätzung sind in Tabelle 4.1 dargestellt. Es wird deutlich, dass zum einen eine hohe relative Abweichung zwischen den Matrizen und zum anderen ein Optimum für den Abstand des Pseudorands vom Rand der FSM-Domäne besteht. Mit kleiner werdendem Abstand verringert sich zunächst die relative Abweichung zur BEM-Matrix. Die geringste Abweichung zwischen FSM- und BEM-Matrix liegt bei einem Abstand des Pseudorands von $p = 0{,}0625$ mm vor. Verringert man den Abstand jedoch weiter, dann erhöht sich die relative Abweichung wieder. Für die nachfolgend beschriebene Untersuchung der numerischen Ergebnisse wurde trotz der hohen verbleibenden relativen Abweichung die Steifigkeitsmatrix verwendet, welche bei einem Abstand der Singularitätspunkte zu den Kollokationspunkten von p = 0,0625 mm generiert wurde.

Tabelle 4.1 Relative Abweichung der FSM-Steifigkeitsmatrix zur BEM-Matrix in Abhängigkeit vom Abstand des Pseudorands vom Rand der FSM-Domäne

Relative deviation between the FSM-stiffness matrix and the BEM-matrix as a function of the pseudo boundary distance to the FSM-domain boundary

Abstand des Pseudorands p [mm]	Relative Abweichung zur BEM-Matrix
0,25	41,2888
0,125	0,7910
0,0625	0,6112
0,03125	629,2720

Zur Evaluierung der Zeiteffizienz der Methodik erfolgte ein Vergleich der Rechenzeit zur Aufstellung der Steifigkeitsmatrix der entsprechenden Domäne aus dem Modellproblem zwischen der FEM/BEM- und der FEM/FSM-Simulationsmethodik. Um zusätzlich den Einfluss der Anzahl der Freiheitsgrade auf die Rechenzeit zu untersuchen wurde der Vergleich zum einen für die zuvor definierten 1200 Elemente und die vervierfachte Anzahl von 4800 Elementen durchgeführt. Tabelle 4.2 zeigt die reale Rechenzeit in Abhängigkeit der Anzahl der Oberflächenelemente in der entsprechenden Domäne für die FEM/BEM- sowie die FEM/FSM-Simulationsmethodik.

Tabelle 4.2 Vergleich der realen Rechenzeit zur Aufstellung der Steifigkeitsmatrix

Comparison of real computation time for the stiffness matrix determination

Anzahl der Oberflächenelemente	FEM/BEM [min]	FEM/FSM [min]
1200 Shellelemente	2:50	0:15
4800 Shellelemente	61:50	4:30

Es zeigt sich, dass durch den Einsatz der FEM/FSM-Simulationsmethodik die Rechenzeit zur Aufstellung der Steifigkeitsmatrix in beiden Fällen signifikant um den Faktor 11,3 gegenüber der FEM/BEM-Simulationsmethodik reduziert werden konnte. Da dieser Faktor bei beiden untersuchten Elementanzahlen identisch ist, kann geschlossen werden, dass der Zeitvorteil unabhängig von der Anzahl der Freiheitsgrade des Problems ist. Als Maß für die Evaluierung der Abbildungsgenauigkeit der numerischen Ergebnisse erfolgte ein Vergleich der durch die definierte Geschwindigkeit der Außenfläche des FEM-Quaders und die Fixierung der gegenüberliegenden Außenfläche des BEM- beziehungsweise FSM-Quaders resultierenden Knotenverschiebungen in X-Richtung. Bild 5.17 zeigt den Vergleich der numerischen Ergebnisse des Modellproblems für die FEM/BEM-Simulationsmethodik sowie die FEM/FSM-

Simulationsmethodik nach t = 0,00025 s und zum Ende der Simulation bei t = 0,001 s.

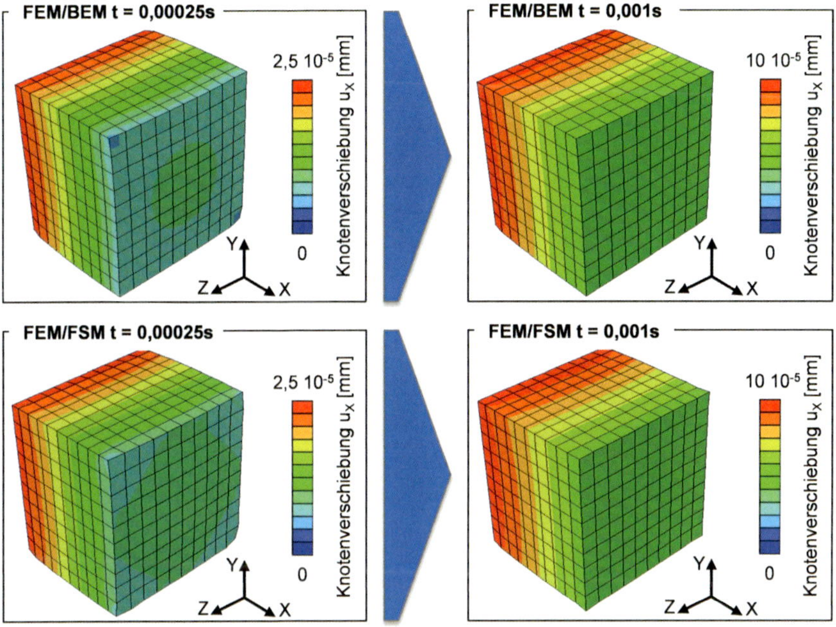

Bild 4.4: Vergleich der Knotenverschiebung in X-Richtung für die FEM/BEM- sowie FEM/FSM-Simulationsmethodik zu unterschiedlichen Zeitpunkten

Comparison of the nodal displacement in X-direction for the FEM/BEM- and the FEM/FSM-simulation methodology at different points of time

Dabei ist zu beachten, dass die Knotenverschiebungen nur für die jeweilige FEM-Domäne dargestellt sind. Die BEM- beziehungsweise FSM-Domäne werden in der Prozesssimulation mit den entsprechenden Simulationsmethodiken durch das Abaqus User-Element repräsentiert. Das User-Element besteht lediglich aus Knotenkoordinaten ohne eine Oberfläche, weshalb eine Darstellung von Zustandsgrößen für das User-Element im konventionellen Abaqus *Postprocessing* nicht möglich ist.

Aus dem Vergleich der Knotenverschiebungen in X-Richtung zum Zeitpunkt t = 0,00025 s wird deutlich, dass zu diesem Zeitpunkt ein Unterschied zwischen den beiden numerischen Ergebnissen besteht. Die Knotenverschiebung ist bei dem Ergebnis der FEM/FSM-Simulationsmethodik weniger weit fortgeschritten als bei der FEM/BEM-Simulationsmethodik. Die Abweichungen zwischen den Knotenverschiebungen im Verlauf der Simulation resultieren aus der zuvor ermittelten relativen Abweichung zwischen den Steifigkeitsmatrizen. Im weiteren Verlauf der Simulation des Modellproblems nähern sich die numerischen Ergebnisse allerdings einander an. Am Ende der Simulation zum Zeitpunkt t = 0,001 s besteht kein Unterschied mehr zwischen den Lösungen der beiden Simulationsmethodiken. Damit konnte generell die Abbildungsgenauigkeit der entwickelten FEM/FSM-Simulationsmethodik durch den Vergleich mit dem numerischen Ergebnis der FEM/BEM-Simulationsmethodik als Referenz nachgewiesen werden.

4.2.4 Zwischenfazit

Preliminary conclusions

Zusammenfassend kann festgestellt werden, dass sich durch die Kombination von FEM und FSM zu einer integrierten Simulationsmethodik, ausgehend von der BEM eine weitere Steigerung der Zeiteffizienz bei gleicher Abbildungsgenauigkeit für die numerische Berechnung elasto-mechanischer Probleme erreichen lässt. Hierzu wurden die Grundlagen sowie die Eigenschaften der FSM kurz erläutert. Der entscheidende Vorteil der FSM gegenüber der BEM ist die extrem schnelle Konvergenz der Methode. Als nachteilig erweist sich die in Abhängigkeit der Anzahl der Unbekannten exponentiell wachsende Konditionszahl der Systemmatrix. Die wesentliche Herausforderung bei der Anwendung der FSM besteht in der a priori Wahl der Position der Kollokationspunkte auf der Oberfläche des zu untersuchenden Gebiets sowie der Position der Singularitätspunkte außerhalb des Gebiets. Anschließend wurde die Kombination von FEM und FSM zu einer integrierten Lösungsprozedur dargestellt. Die Integration der FSM in eine FEM/FSM-Simulationsmethodik auf Basis der Software Abaqus erfolgte in Zusammenarbeit mit der Forschungsgruppe von Prof. Rjasanow an der Universität des Saarlandes. Aufgrund der generellen Verwandtschaft zwischen FSM und BEM wurde die Realisierung der Methodik analog zu der bestehenden FEM/BEM-Simulationsmethodik ausgeführt. Darauf aufbauend erfolgte eine erste Evaluierung der FEM/FSM-Simulationsmethodik anhand eines Modellproblems in Form eines dreidimensionalen, linear-elastischen Problems. Hierzu wurden die numerischen Ergebnisse des Modellproblems der FEM/FSM- und der FEM/BEM-Simulationsmethodik miteinander verglichen. Es zeigte sich, dass zum einen eine hohe relative Abweichung zwischen FSM- und BEM-Matrix und zum anderen ein Optimum für den Abstand des Pseudorands vom Rand der FSM-Domäne bestehen. Die geringste Abweichung zwischen FSM- und BEM-Matrix lag bei einem Abstand des Pseudorands von $p = 0{,}0625$ mm vor. Zwecks Evaluierung der Zeiteffizienz der FSM erfolgte ein Vergleich der Rechenzeit zur Aufstellung der Steifigkeitsmatrix zwischen der FEM/BEM- und der FEM/FSM-Simulationsmethodik. Es zeigte sich, dass durch den Einsatz der FEM/FSM-Simulationsmethodik die Rechenzeit zur Aufstellung der Steifigkeitsmatrix unabhängig von der Anzahl der Freiheitsgrade des Problems signifikant um den Faktor 11,3 gegenüber der FEM/BEM-Simulationsmethodik reduziert werden konnten. Als Maß für die Evaluierung der Abbildungsgenauigkeit der FSM erfolgte ein Vergleich der resultierenden Knotenverschiebungen in X-Richtung. Es wird deutlich, dass zu Beginn der Simulation ein Unterschied zwischen den beiden numerischen Ergebnissen besteht. Im weiteren Verlauf der Simulation nähern sich die numerischen Ergebnisse allerdings einander an, bis am Ende der Simulation kein Unterschied mehr zwischen den Lösungen zu beobachten ist. Hierdurch konnte die Abbildungsgenauigkeit der entwickelten FEM/FSM-Simulationsmethodik für das dreidimensionale Modellproblem nachgewiesen werden. Es besteht jedoch weiterer Forschungsbedarf bezüglich der a priori Definition der Kollokations- und Singularitätspunkte für komplexe, dreidimensionale Geometrien, wie z.B. einer industriellen Werkzeuggeometrie. Hier konnte bisher keine Definition realisiert werden, welche zu einer stabilen Prozesssimulation mit der FEM/FSM-Simulationsmethodik führt. Aus diesem Grund wurde für die in den nachfolgenden Kapiteln beschriebenen Untersuchungen die erweiterte FEM/BEM-Simulationsmethodik verwendet.

4.3 Dreidimensionale Prozessmodellierung mit der effizienten FEM/BEM-Simulationsmethodik

Three-dimensional process modeling using the efficient FEM/BEM-simulation methodology

Um die zeiteffiziente Berechnung bei gleichzeitiger präziser Vorhersage der mechanischen Belastungen von Kaltmassivumformwerkzeugen durch die FEM/BEM-Simulationsmethodik nachzuweisen, wurden drei verschiedene numerische Prozessmodelle eines Querfließpressprozesses erstellt und deren Ergebnisse im nachfolgenden Kapitel 4.5 validiert und miteinander verglichen. Es handelt sich dabei um ein FEM/Rigid-, ein FEM/FEM- und ein kombiniertes FEM/BEM-Modell. Die wesentliche Herausforderung bestand in der erstmaligen Anwendung der FEM/BEM-Simulationsmethodik für die Simulation eines Kaltmassivumformprozesses. Aufgrund der Anforderungen der FEM/BEM-Simulationsmethodik erfolgte die Lösung aller drei Modelle mit Abaqus/Explicit. In den folgenden Abschnitten wird die Modellentwicklung detailliert beschrieben. Im Rahmen dieser Untersuchung wird zunächst die Geometrie der einzelnen Werkzeugkomponenten definiert. Anschließend werden die Materialmodelle sowie die Kontaktverhältnisse zwischen den Werkzeugkomponenten festgelegt. Die Randbedingungen legen dem Simulationsmodell die Beschränkungen des realen Prozesses auf. Zuletzt erfolgt die Modelldiskretisierung durch Vernetzung der Werkzeugkomponenten und des Werkstücks.

4.3.1 Geometriemodellierung und Gebietszerlegung

Geometry modeling and domain decomposition

Der Querfließpressprozess für die folgenden numerischen und experimentellen Untersuchungen wurde für wissenschaftliche Arbeiten am Werkzeugmaschinenlabor WZL der RWTH Aachen ausgelegt. Die mit dem Querfließpressprozess fertigbaren Werkstücke sind an reale Geometrien aus dem Automotivebereich angelehnt. Aufgrund der verbesserten Analysefähigkeit ist die Komplexität der Werkstückgeometrie jedoch gegenüber industriellen Bauteilen reduziert. Vorliegende CAD-Daten von Werkzeug und Werkstück des Querfließpressprozesses wurden für die Erstellung des Geometriemodells der untersuchten Prozesssimulationen verwendet. Um die Modellkomplexität zu reduzieren sowie die Anforderungen der FEM/BEM-

Simulationsmethodik zu erfüllen, wurden die importierten Geometriedaten idealisiert, indem z.B. Bohrungen und Verschraubungen nicht abgebildet wurden. Das gesamte Werkzeugsystem wurde geometrisch modelliert und aus den einzelnen Werkzeugkomponenten zusammengesetzt. Bild 4.5 zeigt die drei verschiedenen untersuchten Modelle zur Prozesssimulation des Querfließpressens und die unterschiedliche Gebietszerlegung in Starrkörper, FEM- und BEM-Domänen.

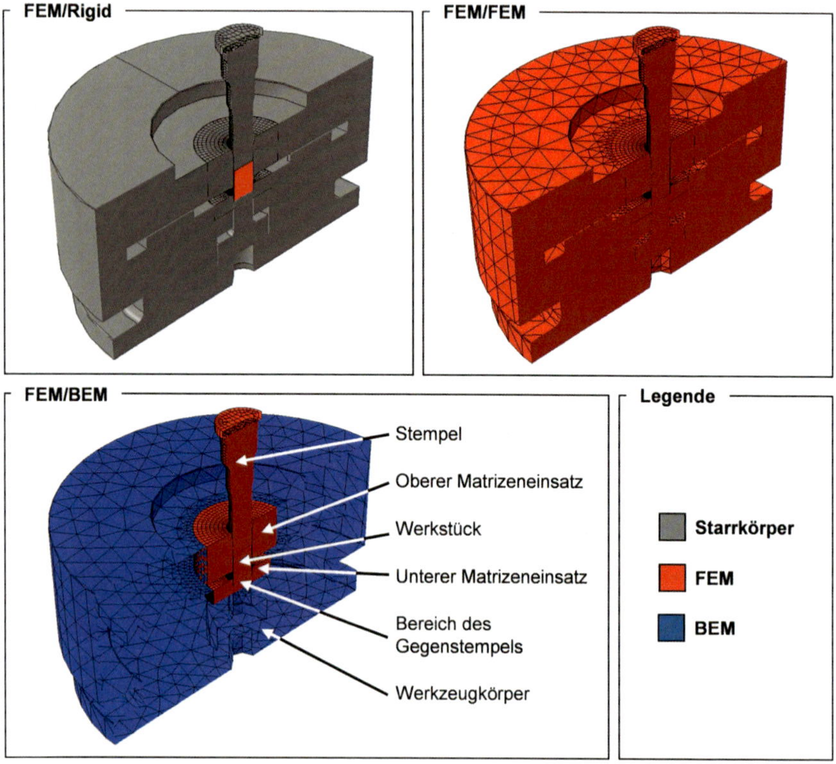

Bild 4.5: Gebietszerlegung in Starrkörper, FEM- und BEM-Domänen innerhalb des Werkzeugsystems des Querfließpressprozesses

Domain decomposition into rigid bodies, FEM and BEM of the three investigated simulation models

In dem FEM/Rigid-Modell wurde lediglich das Werkstück mit deformierbaren 3D finiten Volumenelementen örtlich diskretisiert. Alle anderen Werkzeugaktivelemente, wie Stempel und Matrizen, wurden als Starrkörper modelliert. In diesem Modell wurde daher keine elastische Deformation von Werkzeugkomponenten berücksichtigt, was den in der industriellen Praxis am häufigsten vorkommenden Fall der Modellierung repräsentiert. Im FEM/FEM-Modell erfolgte eine vollständige Modellierung aller Komponenten des gesamten Werkzeugsystems und des Werkstückverhaltens durch deformierbare 3D finite Volumenelemente. Durch diesen Ansatz wurde das elastische

Verformungsverhalten des gesamten Werkzeugsystems während der numerischen Prozesssimulation berücksichtigt. Für das kombinierte FEM/BEM-Modell wurden das Werkstück, der Stempel, ein Teilbereich des Gegenstempels sowie die Einsätze der Ober- und Untermatrize mit 3D finiten Volumenelementen modelliert. Wohingegen die Armierungsringe sowie alle restlichen Werkzeugkomponenten durch eine BEM-Oberflächendiskretisierung beschrieben wurden. Die Schwierigkeit lag dabei insbesondere in der Modellierung der idealisierten Werkzeugkomponenten gemäß den Anforderungen der FEM/BEM-Simulationsmethodik. Hierzu mussten geometrisch vereinfachte Schalenkörper der einzelnen Werkzeugkomponenten generiert und teilweise miteinander verbunden werden. Das Volumenverhältnis von FEM- zu BEM-Bereichen beträgt für das resultierende kombinierte FEM/BEM-Modell 1:850.

4.3.2 Materialmodelle

Material models

Eine konstitutive Beschreibung der verschiedenen Materialmodelle muss vorliegen, um eine realistische Berechnung des Werkzeug- und Werkstückverhaltens zu gewährleisten. Die einzelnen Werkzeugkomponenten und das Werkstück sind aus verschiedenen Werkstoffen mit unterschiedlichen Materialeigenschaften gefertigt. Es erfolgte die Annahme, dass in dem FEM/FEM- und dem kombinierten FEM/BEM-Modell alle Werkzeugkomponenten lediglich eine linear-elastische Verformung im Prozessverlauf erfahren. Somit lässt sich das Materialmodell des gesamten Werkzeugsystems, soweit im Modell berücksichtigt, sowie der elastische Anteil des Werkstückverhaltens in allen drei Modellen durch das verallgemeinerte Hookesche Gesetz für isotrope Medien beschreiben. Die wesentlichen Eigenschaften der elastischen Deformation werden durch die beiden Werkstoffparameter E-Modul und Querkontraktionszahl charakterisiert. Die Querkontraktionszahl beträgt für alle Werkstoffe $v = 0{,}3$. Zudem erfolgte die Definition der Materialdichte, siehe Tabelle 4.3.

Tabelle 4.3: Elastische Materialparameter der modellierten Stahlwerkstoffe

Elastic material parameters of the modeled steel grades

Komponente	Werkstoff	Dichte ρ [g/cm³]	E-Modul E [MPa]
Matrizeneinsätze	HS 6-5-2	8,1	219000
Armierung/Grundkörper	X37CrMoV5-1	7,85	210000
Werkstück	16MnCrS5	7,82	213000

Das Werkstück, welches in allen drei Simulationsmodellen durch die konventionelle FEM modelliert ist, wird außerdem auch plastischen Verformungen ausgesetzt. Laut AWISZUS ET AL. ist insbesondere bei sehr hohen Umformgraden eine analytische Definition der Fließkurve notwendig, um auch eine konstitutive Beschreibung der Plastizitätseffekte zu erreichen [AWIS09a]. Die experimentelle Bestimmung der umformgeschwindigkeitsabhängigen $\dot{\varphi}$ und temperaturabhängigen ϑ Fließkurven des verwendeten Werkstückwerkstoffs 16MnCrS5 basiert auf Stauchversuchen, die am Institut für Bildsame Formgebung IBF der RWTH Aachen durchgeführt wurden. Für die Stauchversuche wurden Rastegaev-Proben verwendet, um eine Beeinflussung der experimentell bestimmten Fließspannung durch Reibungseffekte zu minimieren [POEH82]. Ausgehend von den dort gemessenen Werten für den Umformgrad φ und die Fließspannung k_f wurden die Parameter für die analytisch-empirische, mathematische Beschreibung der Fließkurvengleichung (4.1) nach SPITTEL ET AL. [SPIT92] durch Regressionsrechnung bestimmt:

$$k_f = A \cdot e^{m_1 \cdot \vartheta} \cdot \varphi^{m_2} \cdot \dot{\varphi}^{m_3} \cdot e^{m_4/\varphi} \tag{4.1}$$

Für den untersuchten Werkstückwerkstoff 16MnCrS5 wurden die in Tabelle 4.4 aufgelisteten Parameter ermittelt. Der Gültigkeitsbereich bezüglich der Temperatur beträgt ϑ = 20-500 °C, der Bereich des Umformgrads φ = 0,1-0,75 sowie der Umformgeschwindigkeit $\dot{\varphi}$ = 0,1-10 s^{-1}. Durch die vorliegenden Materialdaten ist somit innerhalb des definierten Gültigkeitsbereichs eine konstitutive Beschreibung des gesamten elastischen und plastischen Materialverhaltens aller am Prozess beteiligten Komponenten für die numerischen Simulationsmodelle gegeben.

Tabelle 4.4: Plastische Materialparameter für 16MnCrS5

Plastic material parameters for 16MnCrS5

A [-]	m1 [-]	m2 [-]	m3 [-]	m4 [-]
789,5	-0,00051	0,14495	0,01081	-0,00577

4.3.3 Kontaktdefinitionen

Contact definitions

Durch die Definition der Kontaktbedingungen werden die Wechselwirkungen zwischen den interagierenden Modellkomponenten und die dabei auftretenden Reibungseffekte festgelegt. Die vorgenommene Gebietszerlegung des FEM/BEM-Modells, welche in Bild 4.5 dargestellt ist, erfolgte, um eine adäquate Kontaktdefinition zwischen FEM- und BEM-Domänen zu erzielen. Hierbei muss berücksichtigt werden, dass die Kontaktdefinition in der Lage sein muss, zwischen den Werkzeugoberflächen und dem Werkstück komplexe Reibvorgänge und hochgradig nichtlineare Wechselwirkungen abzubilden. Das Abaqus User-Element mit dem die BEM-Domäne modelliert wird besteht lediglich aus definierten Knoten und besitzt keine Oberfläche. Eine direkte Kontaktdefinition ist somit nur mit sehr viel Aufwand möglich.

Die Modellierung von Teilbereichen aller direkt mit dem Werkstück in Kontakt stehenden Werkzeugaktivelemente als FEM-Domänen, ermöglicht die Verwendung von hochentwickelten *surface-to-surface*-Kontaktdefinitionen der FE-Software Abaqus. Der Hauptanteil des Werkzeugsystems wird jedoch weiterhin als BEM-Domäne modelliert und damit ist der negative Einfluss auf die Zeiteffizienz durch diese Vorgehensweise lediglich gering. Mittels der *tie* Zwangsbedingung wurden der Kontaktbereich zwischen FEM- und BEM-Domänen definiert. Diese Zwangsbedingung hat zur Folge, dass jeder Knoten auf der *Slave*-Oberfläche (BEM) den exakt identischen

Verschiebungs- sowie Spannungs- und Temperaturwert erhält wie der nächstliegende Punkt auf der *Master*-Oberfläche (FEM). [DASS14a]

Für alle drei numerischen Modelle müssen zusätzlich die Wechselwirkungen in normaler und tangentialer Richtung zwischen allen Werkzeug- und Werkstückoberflächen definiert werden. Für das Kontaktverhalten in Normalenrichtung wurde die Abaqus Formulierung *hard contact*, welche auf der Straffunktions-Methode basiert, verwendet [DASS14a]. Die *hard contact* Definition minimiert das Eindringen der *Slave*-Oberfläche in die *Master*-Oberfläche. Stehen beide Oberflächen in Kontakt, kann Kontaktspannung zwischen Ihnen übertragen werden. Die Oberflächen trennen sich wieder voneinander, wenn sich die Kontaktspannung auf den Wert Null reduziert. Zudem wird für das tangentiale Kontaktverhalten das Verhältnis zwischen Reibschubspannung τ_R und Normalspannung σ_N definiert. Bei dem in Formel (4.2) dargestellten Reibgesetz nach Coulomb kommt es bei hoher Kontaktnormalspannung zu sehr großen und nicht realistischen Reibschubspannungswerten. [FALK00]

$$\tau_R = \mu \cdot \sigma_N \tag{4.2}$$

In der Kaltmassivumformung treten Spannungsbelastungen im Bereich von ca. 3000 MPa auf [WAGN12]. Daher wird für die numerischen Simulationsmodelle das in der FE-Software Abaqus implementierte, um die Schubfließgrenze ergänzte Coulombsche Reibgesetz zur Modellierung des tangentialen Kontaktverhaltens verwendet. Die zusätzlich definierte Schubfließgrenze k des Reibpartners mit der geringeren Festigkeit, den das Werkstück darstellt, limitiert den Maximalwert der übertragbaren Reibschubspannungen τ_R. Somit kann der Reibkoeffizient μ einen von der Normalspannung σ_N abhängigen Wert nicht überschreiten. Das verwendete Reibgesetz ermöglicht somit die Definition eines Bereichs der Reibung mit einer linearen Korrelation zwischen Reibschub- und Normalspannungen für geringe Normalspannungen gemäß Formel (4.2), gefolgt von einem Bereich mit konstanter Reibschubspannung nach Überschreiten der vordefinierten Schubfließgrenze k. Für alle Kontaktflächen zwischen Werkzeugkomponenten und Werkstück wurde für den Bereich der Haftreibung gemäß der Erkenntnisse von LANGE und SCHEY bezüglich des Reibkoeffizienten für das Fließpressen von Stahl ein Reibkoeffizient von $\mu = 0{,}05$ definiert, um eine möglichst reale Abbildung des unter MoS_2-Schmierung ablaufenden Prozesses sicherzustellen [LANG85], [SCHE70]. Die Schubfließgrenze k des Reibpartners mit geringerer Festigkeit definiert sich nach der auf von Mises zurückgehenden Formulierung in (4.3). [FALK00]

$$k = \frac{k_{f0}}{\sqrt{3}} \tag{4.3}$$

4.3.4 Randbedingungen

Boundary conditions

In Abaqus werden durch Definition von Randbedingungen die Freiheitsgrade der Bewegung der einzelnen Modellkomponenten eingeschränkt. Hierdurch lassen sich sowohl kinematische Eigenschaften, wie Verschiebungen und Rotationen, als auch thermische Eigenschaften der Komponenten in jedem einzelnen Prozessschritt der Simulation individuell einstellen. Um eine möglichst genaue Abbildung des realen Prozesses in allen drei numerischen Simulationsmodellen zu erzielen, wurde für den Stempelweg im Modell der Weg-Zeit-Verlauf experimentell bestimmt. Die experimentellen Untersuchungen werden im nachfolgenden Kapitel beschrieben. Der Verlauf des Stempelwegs wurde in den numerischen Modellen durch eine über diskrete Zeitpunkte definierte Bewegungsamplitude berücksichtigt, welche der Kopffläche des Stempels zugewiesen wurde. Die Unterseite des Werkzeugsystems wurde als örtlich fixiert betrachtet, da sie in der Realität fest auf dem Maschinentisch angebracht ist.

Die Matrizeneinsätze von Kaltmassivumformwerkzeugen sind üblicherweise durch Armierungsringe vorgespannt. Diese Methode wird eingesetzt, um kritische Zugspannungen im Matrizeneinsatz durch Superposition mit Druckspannungen zu reduzieren. In dem hier untersuchten und in Kapitel 4.4.1 detaillierter beschriebenen Werkzeugsystem sind der obere sowie der untere Matrizeneinsatz ebenfalls durch aufgeschrumpfte, einteilige Armierungsringe vorgespannt. LEE ET AL. stellten in ihren Untersuchungen zur numerischen Modellierung des Einflusses der elastischen Werkzeugdehnung auf die geometrische Werkstückgenauigkeit fest, dass die Modellierung der Vorspannung der Matrizeneinsätze durch Armierungen die Genauigkeit der Analyse der radialen Matrizendehnung signifikant positiv beeinflusst [LEE02b].

Es bestand somit die Herausforderung einer validen Modellierung der vorliegenden Armierungsvorspannung in der Prozesssimulation. Die Werte für die vordefinierten Druckbelastungen der Armierungen für die Prozesssimulation wurden daher anhand der Formulierungen für Zylinderpressverbindungen unter Berücksichtigung der in der Werkzeugkonstruktion definierten, radialen Übermaße vor dem Fügeprozess von Matrizeneinsatz und Armierungsring abgeleitet [JACO14]. Folglich wurde in dem FEM/FEM- sowie in dem kombinierten FEM/BEM-Prozesssimulationsmodell die Vorspannung durch Armierung mittels einer vordefinierten Druckbelastung von $p_{Arm} = 495$ MPa auf die Außenfläche des Obermatrizeneinsatzes und von $p_{Arm} = 520$ MPa auf die Außenfläche des Untermatrizeneinsatzes modelliert, siehe Bild 4.6. Dies war im Rahmen des konventionellen *Preprocessing* möglich, da beide Matrizeneinsätze mittels FEM modelliert wurden.

Zur Steigerung der Zeiteffizienz der FEM/BEM-Simulationsmethodik wurde für das FEM/BEM-Modell die kondensierte Form der Steifigkeitsmatrix erstellt. Sie enthält nur die Steifigkeitsinformation für die Knoten aus den Berührungsflächen zwischen FEM und BEM, für die Rand- und Kontaktbedingungen definiert sind.

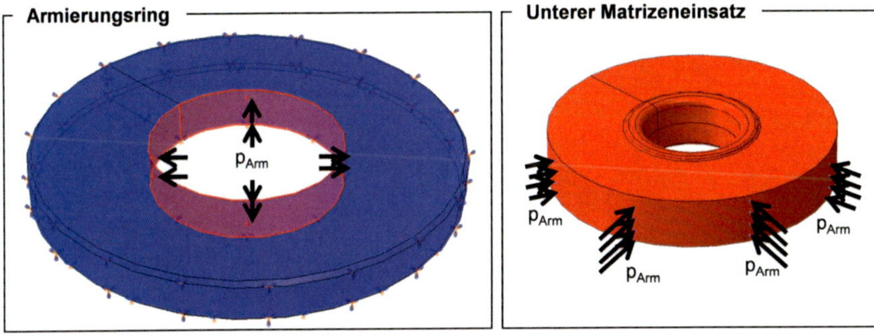

Bild 4.6: Modellierung der Vorspannung des Matrizeneinsatzes durch den Armierungsring
Modelling of the die insert prestressing using a stress ring

4.3.5 Diskretisierung der Modellkomponenten

Discretization of the model components

Im letzten Schritt der numerischen Modellbildung wurde eine geeignete örtliche Diskretisierung für sämtliche modellierte Komponenten definiert. Die Netzfeinheit sowie der gewählte Netz- beziehungsweise Elementtyp haben gemäß AWISZUS und HÄRTEL einen signifikanten Einfluss auf die Genauigkeit der numerischen Ergebnisse [AWIS12]. Insbesondere für das Werkstück und die Matrizeneinsätze, welche im Fokus der Untersuchungen stehen, ist eine hohe Netzqualität erforderlich. Durch das *Mesh* Modul der FE-Software Abaqus wurden die Modellkomponenten in allen drei Prozesssimulationsmodellen identisch vernetzt. [DASS14a] In diesem Modul kann z.B. die Vernetzungsdichte, die Vernetzungstechnik und die Elementform festgelegt werden. Die Vernetzung des sich plastisch verformenden Werkstücks stellte hierbei eine besondere Schwierigkeit dar. Die verwendete FE-Software Abaqus bietet keine Möglichkeit zur Neuvernetzung während der Prozesssimulation. Somit muss die Vernetzung des Werkstücks a priori an die resultierende Werkstoffverformung im Prozess angepasst werden. Für diese adaptive Vernetzung wurden mehrere Simulationsdurchläufe durchgeführt und das Werkstückmodell anschließend in verschiedene Bereiche partitioniert sowie die Vernetzung manuell angepasst. Um den Rechenaufwand trotz einer sehr hohen Elementanzahl zu begrenzen, wurde zudem nur der untere Teil des Werkstücks sehr fein vernetzt welcher im Prozess auch die höchste plastische Verformung erfährt. So können insbesondere in diesen hochbelasteten Bereichen genauere numerische Ergebnisse erzielt werden. Weiterhin wurden die Kontaktstellen der modellierten Aktivelemente mit dem Werkstück vergleichsweise fein vernetzt, um auch an diesen Stellen Ungenauigkeiten zu vermeiden. Für Komponenten oder Bereiche die nicht aktiv in Kontaktbedingungen involviert sind, erfolgte eine grobe Vernetzung. Für die örtliche Diskretisierung des Modells wurden somit je nach Modell bis zu drei verschiedene Elementtypen verwendet, siehe Bild 4.7.

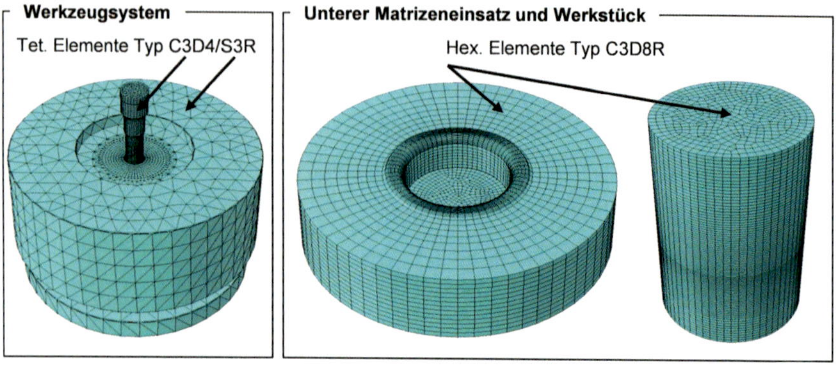

Bild 4.7: Vernetzte Modellkomponenten und zugehörige Elementtypen
Meshed model components and associated element types

In allen drei Prozesssimulationsmodellen wurden für das Werkstück 42480 sowie für die Einsätze der Ober- und Untermatrize insgesamt 44458 hexagonale Elemente mit acht Knoten vom Typ C3D8R verwendet. Der Stempel wurde in allen drei Modellen mittels 22169 Tetraederelementen mit vier Knoten vom Typ C3D4 diskretisiert. In dem FEM/FEM-Modell wurde das gesamte restliche Werkzeugsystem durch 53126 Tetraederelemente, ebenfalls vom Typ C3D4, vernetzt. Für das kombinierte FEM/BEM-Modell erfolgte aufgrund der Anforderungen aus der FEM/BEM-Simulationsmethodik die Diskretisierung der Oberfläche des restlichen Werkzeugsystems mit einer Anzahl von lediglich 9622 Shellelementen vom Typ S3R.

4.4 Experimentelle Analyse der mechanischen Werkzeugbelastungen

Experimental analysis of mechanical tool loads

Um eine Validierung der Simulationsergebnisse der drei verschiedenen numerischen Prozessmodelle des Querfließpressprozesses anhand der realen mechanischen Werkzeugbelastungen zu ermöglichen, wurden umfangreiche experimentelle Untersuchungen des Querfließpressprozesses durchgeführt. Die wesentliche Herausforderung bestand hierbei in der experimentellen Bestimmung der auftretenden mechanischen Werkzeugbelastungen. Als Maß für die mechanische Spannungsbelastung lässt sich hilfsweise die resultierende elastische Werkzeugdehnung ermitteln. Daher wurde in den durchgeführten Experimenten die mechanische Werkzeugbelastung anhand der radialen, elastischen Dehnung des unteren Matrizeneinsatzes experimentell gemessen und anschließend ausgewertet. Für die Messung der resultierenden elastischen Werkzeugdehnungen wurden Dehnungsmessstreifen am Werkzeugsystem appliziert. Bei der experimentellen Versuchsdurchführung wurde darüber hinaus die resultierende Prozesskraft sowie der Stempelweg während des Umformprozesses ermittelt und aufgezeichnet.

4.4.1 Werkzeugdesign und Versuchswerkstoffe

Tool design and test materials

Das Werkzeug besteht aus einem unteren und einem oberen in einem Spannring verschraubten Matrizensystem, welches in beiden Fällen armiert ist, siehe Bild 4.8. Weitere Aktivelemente im Werkzeugsystem sind Stempel und Gegenstempel. Das zylindrische Halbzeug wird auf dem Gegenstempel positioniert und anschließend durch den sich abwärts bewegenden Stempel zwischen der Ober- und Untermatrize umgeformt. Die beiden Matrizen haben einen Innendurchmesser von 30 mm sowie einen Abstand von 10 mm zu einander und sind durch einfache Armierungsringe vorgespannt. Während des Prozesses fließt das Material in seitlicher Richtung frei über die Matrizenschultern zwischen die beiden Matrizen. Für die experimentelle Analyse der mechanischen Werkzeugbelastungen ist der am höchsten beanspruchte Bereich des Werkzeugs relevant. Dieser befindet sich an der Fließpressschulter des unteren Matrizeneinsatzes, wo auch die größte plastische Umformung des Werkstückmaterials vorliegt. Der Radius der Fließpressschulter am oberen sowie unteren Matrizeneinsatz beträgt 2,5 mm. Um eine geometrische Übereinstimmung zwischen den numerischen Simulationsmodellen und dem Experiment sicherzustellen, wurden die Aktivelemente (Stempel, Gegenstempel, Ober- und Untermatrize) anhand von identischen CAD-Daten gefertigt, die auch für die Geometriemodellierung in der Simulation eingesetzt wurden. Bild 4.8 zeigt neben dem gesamten Werkzeugsystem auch die Ausgangs- und Endwerkstückgeometrie des untersuchten Querfließpressprozesses. Das zylindrische Halbzeug hat eine Ausgangshöhe von 40 mm und einen Ausgangsdurchmesser von 29 mm.

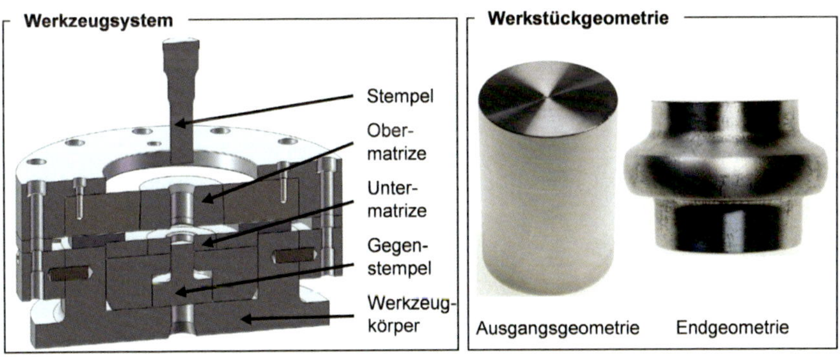

Bild 4.8: Werkzeugsystem für den Querfließpressprozess und Werkstückgeometrie

Tool system for the lateral extrusion process and workpiece geometry

Gemäß aktuellen Industriestandards wurden Stempel, Gegenstempel sowie die Einsätze der Ober- und Untermatrize aus dem schmelzmetallurgisch hergestellten Schnellarbeitsstahl HS 6-5-2 (1.3343) gefertigt, der laut Pöhlandt insbesondere bei ausgeprägter Werkzeugbeanspruchung häufig als Werkzeugwerkstoff zum Einsatz kommt [POEH03]. Die Matrizeneinsätze wurden auf 64 HRC (Härte Rockwell Skala C) gehärtet. Um den Einfluss der Werkzeuggeometrie auf die mechanischen Werkzeugbelastungen direkt untersuchen zu können, erfolgte keine Beschichtung der Aktivelemente. Für die Armierungsringe wurde der auch in der industriellen Praxis eingesetzte Warmarbeitsstahl X37CrMoV5-1 (1.2343) verwendet. Anschließend wurden die Ringe auf 50 HRC gehärtet. Als Werkstückmaterial wurde der Mangan und Chrom legierte Einsatzstahl 16MnCrS5 (1.7139) eingesetzt, der sich durch eine sehr gute Umformbarkeit auszeichnet. Einsatzstähle ermöglichen laut HERBERTZ ET AL. die Härtung der Werkstückoberfläche ohne Zähigkeitsverlust im Inneren und weisen einen Kohlenstoffgehalt von ca. 0,1 %-0,3 % auf. Dieser Stahl wird typischerweise für eine Vielzahl von kaltmassivumgeformten Bauteilen in Form von Getriebe- und Antriebsteilen mit Oberflächenhärtung wie Zahnräder, Wellen und weitere verzahnte Bauteile im Automotive-Bereich verwendet. [HERB13] Aufgrund seiner Praxisrelevanz wurde dieser Werkstückwerkstoff für die Untersuchungen ausgewählt. Der hier verwendete Werkstoff wurde isotherm auf Ferrit-Perlit-Gefüge wärmebehandelt und besitzt eine Kernhärte von 145 HB, welche durch eine Brinellhärteprüfung an gesägten Rundproben ermittelt wurde. Tabelle 4.5 zeigt die mechanischen Eigenschaften des untersuchten Werkstückwerkstoffs 16MnCrS5 im einsatzgehärteten Zustand, ermittelt an einer Längsprobe mit einem Durchmesser von 30 mm [DEUT11].

Tabelle 4.5: Mechanische Eigenschaften von 16MnCrS5 [DEUT11]
Mechanical properties of 16MnCrS5

Streckgrenze R_e [MPa]	**Zugfestigkeit R_m [MPa]**	**Bruchdehnung A_5 [%]**	**Einschnürung Z [%]**
590	780-1080	10	40

4.4.2 Realisierung der Dehnungsmessung

Realization of the strain measurement

Zur Validierung der Simulationsergebnisse anhand der realen mechanischen Werkzeugbelastungen erfolgte die Messung der resultierenden elastischen Werkzeugdehnungen. Die Schwierigkeit hierbei lag in der Auslegung und Applikation einer geeigneten Messeinrichtung basierend auf DMS im Werkzeugsystem. Die Messeinrichtung zur Realisierung der experimentellen Bestimmung der aus der mechanischen Werkzeugbelastung resultierenden, radialen, elastischen Werkzeugdehnungen ist durch die Art der hierzu verwendeten Dehnungsmessstreifen, die aktive Messkette und die zur Auswertung nötige Software definiert. Als Messaufnehmer der Werkzeugdehnung am unteren Matrizeneinsatz dienten konventionelle metallische DMS. Aufgrund der Temperaturschwankungen, die wegen des hohen Umformgrads und der damit verbundenen Dissipationsenenergie während des Querfließpressprozesses auftreten, wurden sogenannte T-Rosetten DMS mit zwei übereinander gestapelten Messgittern verwendet. Das eine Messgitter erfasst die aus dem Prozess resultierende radiale Werkzeugdehnung, wohingegen das andere Messgitter die durch die Temperaturänderung resultierende Dehnung aufnimmt. Es wurden die in Bild 4.9 dargestellten DMS vom Typ XY91-1.5/350 der Hottinger Baldwin Messtechnik GmbH ausgewählt, die aufgrund ihrer sehr geringen Dimension der Messgitterlänge von a = 1,5 mm eine präzise Dehnungsmessung in dem geometrisch kleinen Bereich der Spannungskonzentration an der Untermatrize gewährleisten. Der Nennwiderstand der DMS entspricht dem Maximalwert für diese DMS von 350 Ω, da ein möglichst hoher Widerstand die experimentelle Messung auch geringer elastischer Werkzeugdehnungen ermöglicht. Die DMS eignen sich somit insbesondere für die zu messende Größenordnung der Werkzeugdehnungen und die geringen Platzverhältnisse.

Abmessungen DMS

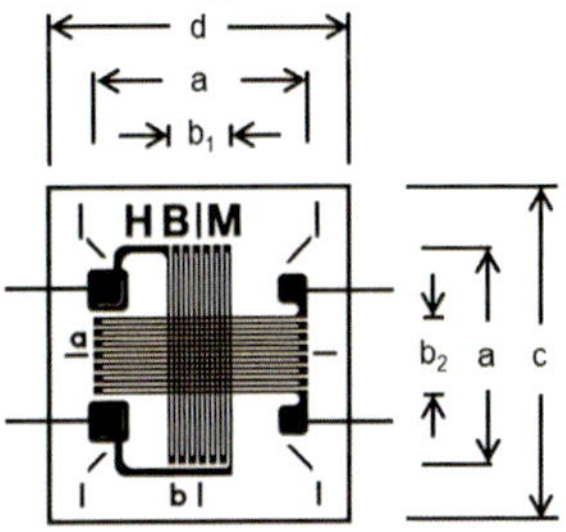

DMS Typ XY91-1.5/350

Messgitter			Messgitterträger	
a [mm]	b_1 [mm]	b_2 [mm]	c [mm]	d [mm]
1,5	1,5	1,5	4,7	6,7

Bild 4.9: Abmessungen des verwendeten DMS Typ XY91-1.5/350 [HOTT12]
Dimensions of the used strain gauge type XY91-1.5/350

Es wurden vier DMS mit einem Winkelversatz von 90° angebracht, siehe Bild 4.10. Die gewählte Anordnung ermöglicht die Messung einer asymmetrischen Belastung des Werkzeugs während des Prozesses.

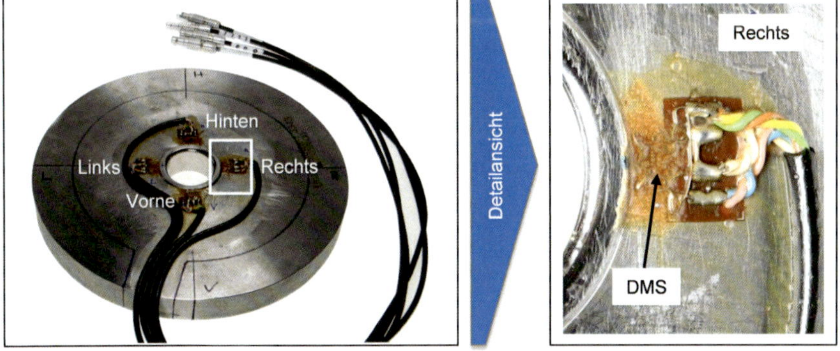

Bild 4.10: Untermatrize mit angebrachten DMS und Verkabelung
Lower die with strain gauge and wiring

Die Verbindung der DMS mit der aktiven Messkette erfolgte über sechsadrige Kabel. Die Anzahl ergibt sich aus je einem Ein- und einem Ausgang für die Versorgungsspannung pro Messgitter. Zusätzlich wurde eine für die präzise Einhaltung der Versorgungsspannung entscheidende, zweiadrige *Senseleitung* angeschlossen. Die aktive Messkette bestand aus Komponenten von National Instruments (NI). Zum einen kam das Modul NI 9237 und zum anderen das hierfür geeignete Compact Data Acquisition-Chassis (NI cDAQ-9178) zum Einsatz. Stecker vom Typ RJ-50 sind dabei zur Verbindung der verkabelten DMS und dem NI 9237 Modul erforderlich. Das NI 9237 Modul besitzt vier Kanäle, welche jeweils über einen analogen 24-Bit Halb- beziehungsweise Vollbrücken-Eingang verfügen. Jede Messbrücke in Form eines DMS muss vor dem Start der Messung kalibriert werden, um Messfehler zu minimieren. Das NI Modul unterstützt das Verfahren *Remote Sensing*. Dieses erlaubt es, auf einfache Weise Widerstandsfehler zu korrigieren und einer Fehlerverstärkung vorzubeugen. Es handelt sich hierbei um eine kontinuierliche und automatische Korrektur der Versorgungsspannung. Lange Kabel zwischen der Messstelle am Werkzeug und den Komponenten der aktiven Messkette sowie ein geringer Kabeldurchmesser stellen einen großen elektrischen Widerstand dar, was wiederum eine Fehlerverstärkung zur Folge hat. Diese führt in der Versorgungsleitung der DMS-Messbrücke zu Spannungsverlusten und somit zu ungenauen Messungen. Für das *Remote Sensing* wird die bereits erwähnte *Senseleitung* mit der Brückenschaltung verbunden, wodurch die anliegende Brückenversorgungsspannung durch das NI Modul kontinuierlich registriert werden kann. Mit dieser Information wird die Versorgungsspannung automatisch geregelt.

Die eingesetzte Messsoftware LabVIEW diente sowohl zur Einstellung der Messkettenparameter sowie zur Kalibrierung der DMS als auch zur Visualisierung und Auswertung der gemessenen Dehnungen. Mittels der Software können die notwendigen Parameter, wie beispielsweise die vorgegebene Versorgungsspannung der Brückenschaltung und die Dehnungsempfindlichkeit, definiert werden. Für die Versuchsreihen wurde ein virtueller Schaltplan erstellt, der es ermöglichte die aktuell gemessene Dehnung darzustellen und zusätzlich eine Messung zu starten, zu speichern und zu stoppen.

4.4.3 Experimenteller Aufbau

Experimental setup

Für die Durchführung der Experimente wurde eine hydraulische Presse vom Typ Hochstein PP200 Refit Müller&Dungs eingesetzt, siehe Bild 4.11 (links). Die Presse besitzt eine maximale Presskraft von 2000 kN und einen maximalen Pressenhub von 465 mm. Die Pressgeschwindigkeit kann bis maximal 10 mm/s bei einer Weggenauigkeit von +/- 0,03 mm des Stößels eingestellt werden. Zudem ist die Presse mit Sensoren zur Kraft- und Wegmessung ausgestattet. Dabei handelt es sich um einen kalibrierten Kraftaufnehmer der ME Messsysteme GmbH für die Messung von Druckkräften bis 2000 kN und Zugkräften bis 500 kN. Für die Wegmessung ist in der Presse ein absoluter Positionssensor der Firma MTS Sensor Technologie mit einem

Messbereich von 500 mm verbaut. Diese Systeme wurden genutzt, um die Prozesskraft sowie den Stempelweg während des Querfließpressprozesses aufzuzeichnen. Für die Experimente wurde ein maximaler Stempelweg von 13 mm definiert. Die Schmierung erfolgte durch eine Sprühbenetzung von Matrize und Werkstück vor dem Einlegen in die Öffnung der Obermatrize mit Molybdändisulfid (MoS_2) Schmierstoff vom Typ OKS 221. Der Einfluss des tribologischen Systems wurde somit in allen experimentellen Untersuchungen konstant gehalten. Das Werkzeug wurde, wie in Bild 4.11 (rechts) dargestellt, zu Beginn der experimentellen Versuche mittig im Presseneinbauraum eingerichtet und dort fixiert. Nach dem Pressvorgang wurden die beiden durch eine Verschraubung verbundenen Gehäusehälften getrennt und die obere Hälfte angehoben. Die Probe wurde anschließend mittels Auswerfer System und Gegenstempel aus der Untermatrize gedrückt.

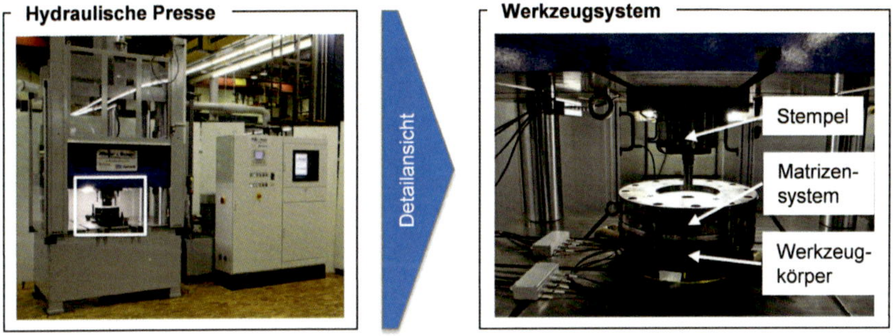

Bild 4.11: Hydraulische Versuchspresse und eingerichtetes Werkzeugsystem in der Presse
Hydraulic tryout press and equipped tool system in the press

4.4.4 Experimentelle Ergebnisse
Experimental results

Der Versuch wurde dreimal wiederholt, um eine statistische Absicherung der Ergebnisse zu ermöglichen. Die Kraftmessung startet mittels des in der Presse verbauten Messsystems automatisiert und zudem zeitgleich mit dem Pressvorgang. Zu Beginn des Querfließpressprozesses lässt sich ein linearer Kraftanstieg, gefolgt von einer Phase nahezu konstanter Prozesskraft, beobachten, siehe Bild 4.12. Die konstante Prozesskraft stellt sich ein, nachdem das plastische Fließen des Werkstückmaterials in seitliche Richtung eingesetzt hat. Die maximale Prozesskraft F_{Pmax}, die durch das Messsystem während des Umformprozesses erfasst wurde, beträgt $F_{Pmax} = 947$ kN. Die Prozesszeit beträgt bei diesem Versuchsaufbau $t_P = 2{,}76$ s. Im Prozesskraftverlauf lässt sich eine Schwankung aufgrund einer hydraulischen Nachregelung der Presse während des Stempelrückziehvorgangs beobachten, woraus jedoch keinerlei Auswirkungen auf die nachfolgenden Untersuchungen resultieren. Der experimentell bestimmte reale Stempelwegverlauf bis zum maximalen Wert von s = 13 mm dient als Eingangsgröße für die Simulationsmodelle. Zwecks Validierung der numerischen

Ergebnisse wurde zudem die Werkstückendgeometrie vermessen. Die Ergebnisse der Vermessung sind in Kapitel 4.5.1 dargestellt.

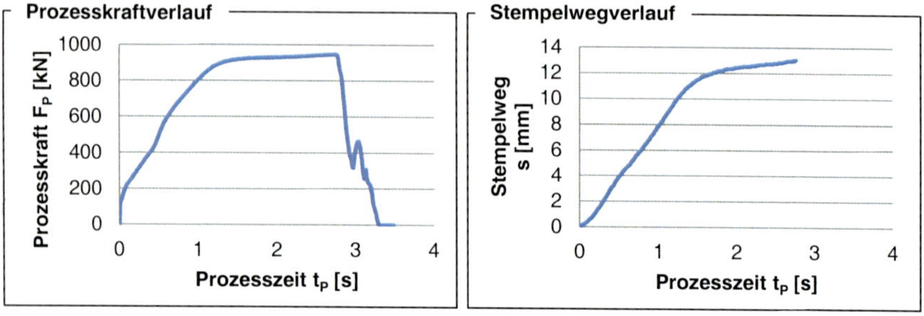

Bild 4.12: Prozesskraftverlauf und Stempelwegverlauf des untersuchten Querfließpressprozesses

Process force characteristic and punch displacement of the examined lateral extrusion process

In Bild 4.13 sind die gemessenen Dehnungsverläufe des unteren Matrizeneinsatzes dargestellt, welche gemäß der verschiedenen DMS Positionen (Vorne, Hinten, Links und Rechts) farblich gekennzeichnet sind. Das resultierende Dehnungs-Prozesszeit-Diagramm zeigt einen nahezu identischen Kurvenverlauf für alle vier Messstellen. Lediglich am hinteren DMS ist eine leicht geringere Dehnung erkennbar, wohingegen die restlichen Dehnungswerte sehr nah beieinander liegen.

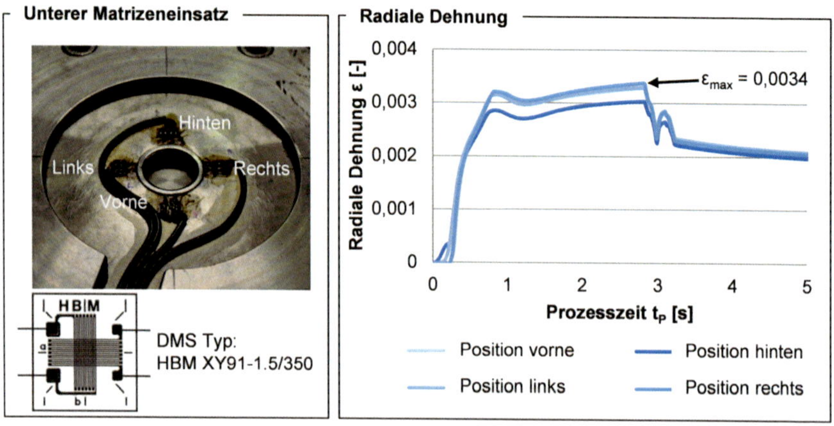

Bild 4.13: Position der Dehnungsmessstreifen auf dem unteren Matrizeneinsatz und gemessener Dehnungsverlauf während des Prozesses

Position of strain gauges on lower die insert and measured radial strain development during process

Zu Beginn des Prozessverlaufs des Querfließpressens findet ein Stauchen des Werkstücks statt. Die zunehmenden Kontaktspannungen zwischen Werkstück und

Matrizeneinsatz resultieren in dem ersten Dehnungsmaximum bei vollem Kontakt. Anschließend beginnt das Werkstückmaterial auch in seitliche Richtung plastisch zwischen Ober- und Untermatrize zu fließen. Dieser Effekt resultiert in einer kurzen Abnahme der Dehnungswerte im weiteren Prozessverlauf. Mit anhaltender plastischer Deformation steigen die Werte der radialen Dehnung im unteren Matrizeneinsatz infolge von Kaltverfestigungseffekten wieder an. Der Maximalwert der radialen, elastischen Werkzeugdehnung des unteren Matrizeneinsatzes wird am höchsten Punkt des Stempelwegs zum Ende des Prozesses erreicht und beträgt an der Messposition rechts ε_{max} = 0,0034. Während des Rückhubs des Stempels sinkt der Dehnungswert bis zum Erreichen eines konstanten Werts ab. Diese verbleibende konstante Dehnung stellt sich im Werkzeug bis zum Ende der Messung aufgrund der elastischen Rückfederung des nach Prozessende im Werkzeug verbleibenden Werkstücks ein. Das Werkstück muss bei dem Versuchswerkzeug manuell entfernt werden und wird nicht automatisch, z.B. durch einen Auswerfer, ausgestoßen.

4.5 Numerische Ergebnisse der Prozesssimulationen und Validierung der Modelle

Numerical results of the process simulations and validation of the models

Zwecks Nachweis der Effizienzsteigerung bei der Berechnung und präzisen Vorhersage der mechanischen Belastungen von Kaltmassivumformwerkzeugen durch das kombinierte FEM/BEM-Modell, werden die numerischen Ergebnisse der drei Prozesssimulationen umfassend untersucht und validiert. Neu ist, dass die Evaluierung der Zeiteffizienz der FEM/BEM-Simulationsmethodik gegenüber der konventionellen FEM hierbei erstmalig anhand des Vergleichs der Rechenzeiten von verschiedenen Prozesssimulationsmodellen durchgeführt wird. Dies ist zuvor lediglich anhand von vereinfachten Benchmark-Modellen erfolgt. Für die numerische Simulation des Querfließpressprozesses müssen, wie in Kapitel 4.3 beschrieben, diverse Annahmen bezüglich der Materialmodelle, der Kontaktdefinitionen und der Randbedingungen getroffen werden. Dies kann zu Abweichungen der Präzision des numerischen Modells hinsichtlich der Realität führen. Diese modellhaften Vereinfachungen und Annahmen sind aber für eine numerische Modellierung unabdingbar. Die Auswirkung auf die Abbildungsgenauigkeit der numerischen Ergebnisse wird in diesem Kapitel überprüft. Hierzu erfolgt ein Abgleich der Prozesskräfte, der Werkstückendgeometrie sowie der radialen, elastischen Dehnung der Matrizeneinsätze zwischen der experimentellen Untersuchung und den numerischen Ergebnissen der drei Prozesssimulationen. Abschließend erfolgt die Darstellung der numerischen Ergebnisse der Werkzeugbelastung und der resultierenden elastischen Verformung des Werkzeugs.

4.5.1 Validierung der Prozesssimulationsmodelle

Validation of the process simulation models

Da der erste Aspekt der in diesem Kapitel untersuchten Unterthese die zeiteffiziente Berechnung der mechanischen Belastungen von Kaltmassivumformwerkzeugen mittels der FEM/BEM-Simulationsmethodik darstellt, erfolgt zunächst der erstmalige Vergleich der realen Rechenzeiten von Prozesssimulationsmodellen. Für diesen Vergleich wurden alle drei Prozesssimulationen auf der identischen Simulations-Workstation unter Verwendung von 24 Intel Xeon Central Processing Units (CPU) des Typs X5660 im Parallel-Computing-Verfahren durchgeführt. Die erzielten Werte der realen Rechenzeit sind in Tabelle 4.6 dargestellt.

Tabelle 4.6: Vergleich der realen Rechenzeit
Comparison of real computation time

Prozesssimulationsmodell	FEM/Rigid	FEM/FEM	FEM/BEM (Matrix + Sim.)
Reale Rechenzeit [h]	13:25	153:54	66:43 (8:23 + 58:20)

Wie erwartet weist das FEM/Rigid-Modell die geringste Rechenzeit auf. Allerdings erfolgte hier keine Modellierung des elastischen Werkzeugverhaltens und somit auch keinerlei Aussage über die mechanische Belastung des Werkzeugsystems. Die höchste Rechenzeit erfordert die Prozesssimulation des Querfließpressens mit dem FEM/FEM-Modell, welche aber die Wechselwirkungen des Prozesses mit dem Werkzeugsystem umfassend abbildet. Für die Simulation mit dem FEM/BEM-Modell ergibt sich eine signifikant geringere Rechenzeit bei ebenfalls vollständiger Modellierung des Werkzeugsystems. Gegenüber dem FEM/FEM-Modell kann eine Reduzierung der Rechenzeit um den Faktor 2,3 erreicht werden. Zudem kann die Gesamtrechenzeit der Prozesssimulation mit dem FEM/BEM-Modell in zwei Phasen unterteilt werden. Die erste Phase stellt den Zeitbedarf dar, welche die externe BEM-Implementierung zur Aufstellung der BEM-Steifigkeitsmatrix und der algebraischen Approximation der Matrix mit dem ACA-Verfahren aufwendet. Die zweite Phase ist der Zeitbedarf, welcher der explizite FEM-Solver der FE-Software Abaqus zur Berechnung der Prozesssimulation mit dem kombinierten FEM/BEM-Modell auf Basis der hier untersuchten FEM/BEM-Simulationsmethodik benötigt. In einem iterativen Prozess, wie z.B. einer numerischen Gestaltoptimierung mit mehrfachen Simulationsdurchläufen, in dem die BEM-Domäne nicht verändert wird, muss die BEM-Steifigkeitsmatrix nur ein einziges Mal berechnet werden und kann anschließend in jedem Iterationsschritt berücksichtigt werden. Dies ermöglicht eine zusätzliche Reduzierung des Rechenzeitbedarfs zur Prozesssimulation mit dem FEM/BEM-Modell. In diesem Fall erhöht sich der Faktor bezüglich der Reduzierung der Gesamtrechenzeit zur Prozesssimulation gegenüber dem FEM/FEM Modell auf 2,65.

Validierung der Prozesskraftverläufe

Der zweite Aspekt der in diesem Kapitel untersuchten Unterthese stellt die präzise Vorhersage der mechanischen Belastungen von Kaltmassivumformwerkzeugen mittels der FEM/BEM-Simulationsmethodik dar. Daher werden die experimentellen Ergebnisse des Querfließpressprozesses aus Kapitel 4.4.4 in Form des gemessenen Prozesskraftverlaufs, der Werkstückendgeometrie und der radialen, elastischen Werkzeugdehnung zur Validierung der entsprechenden numerischen Ergebnisse der drei untersuchten Prozesssimulationsmodelle herangezogen. Die Validierung der Prozesssimulationsmodelle erfolgt zunächst anhand des Prozesskraftverlaufs F_P über die Prozesszeit t_P. Der Vergleich zwischen dem experimentell ermittelten und den numerisch berechneten Prozesskräften der drei verschiedenen Simulationsmodelle ist in Bild 4.14 dargestellt.

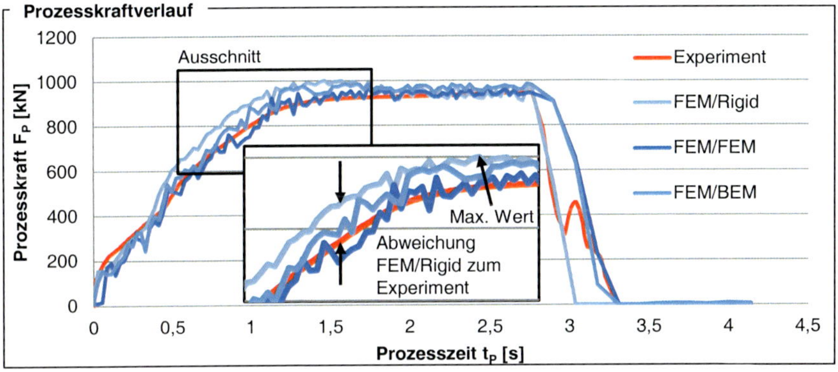

Bild 4.14: Validierung der numerischen Ergebnisse anhand des Vergleichs des Prozesskraftverlaufs

Validation of the numerical results based on the comparison of process force

Bei den numerischen Ergebnissen des FEM/Rigid-Modells lässt sich speziell im Bereich des Kraftanstiegs zu Beginn des Prozesses eine deutliche Abweichung von der experimentellen Prozesskraft beobachten. Als Prozesskraft wurde die Reaktionskraft auf den Stempel ausgewertet. Dieser wurde in diesem Modell, wie auch alle übrigen Werkzeugkomponenten, als Starrkörper ohne Möglichkeit zur elastischen Verformung modelliert. Die beobachtete Abweichung zum Experiment zu Beginn des Prozesses liegt darin begründet, dass im Vergleich zu den beiden anderen Modellen keinerlei Umformenergie durch die Verformung von Werkzeugkomponenten aufgenommen wird. Der Stempel wird beispielsweise nicht in seiner Länge gestaucht sondern die komplette Energie wird auf das Werkstück übertragen. Das Werkstück wird daher stärker gestaucht als in der Realität. Somit tritt die maximale numerische Prozesskraft des FEM/Rigid-Modells auch am Ende des linearen Kraftanstiegs und nicht, wie im Experiment, am Ende des Prozesses auf. Der Wert der maximalen Prozesskraft des FEM/Rigid-Modells F_{Pmax} = 999,9 kN hat zudem mit 5,6 % die größte Abweichung zu dem maximalen Kraftwert des Experiments F_{Pmax} = 947 kN. Mit dem Einsetzen des plastischen Fließens des Werkstückmaterials in seitliche Richtung nach dem Stauchen des Werkstücks nähert sich der Prozesskraftverlauf des FEM/Rigid-Modells wieder den Ergebnissen der anderen Prozesssimulationen sowie dem Experiment an. Diese ungenaue Abbildung des realen Prozesskraftverlaufs führt insbesondere zu Abweichungen in der resultierenden Werkstückhöhe, welche im folgenden Abschnitt untersucht wird. Der Prozesskraftvergleich zeigt jedoch eine sehr gute Übereinstimmung der Kraftverläufe über die gesamte Prozesszeit für das

FEM/FEM- und das FEM/BEM-Modell. Für die numerisch bestimmte, maximale Prozesskraft des FEM/FEM-Modells $F_{Pmax} = 973$ kN ergibt sich eine Abweichung von 2,75 % und für die des FEM/BEM-Modell $F_{Pmax} = 984$ kN eine Abweichung von 3,9 % zu dem experimentellen Wert, was eine hinreichend genaue Abbildung der Realität durch beide Modelle darstellt. Die Referenz bezüglich der prozentualen Abweichungen stellt in allen innerhalb dieses Kapitels durchgeführten Vergleichen der jeweilige experimentelle Wert dar. Zusammenfassend lässt sich feststellen, dass die Modellierung des elastischen Verhaltens des gesamten Werkzeugsystems sowohl im FEM/FEM- als auch im FEM/BEM-Modell zu einer Erhöhung der Genauigkeit der numerischen Simulationsergebnisse bezüglich des Prozesskraftverlaufs führt. In dem experimentellen Prozesskraftverlauf und auch in den später diskutierten Verläufen der elastischen Dehnung zeigte sich gegen Ende des Prozesses eine Schwankung aufgrund einer hydraulischen Nachregelung der Presse während des Stempelrückziehvorgangs. Diese hat jedoch keinerlei Auswirkungen auf die Untersuchungen.

Validierung der resultierenden Werkstückendgeometrie

Mechanische Werkzeugbelastungen und die daraus folgenden elastischen Werkzeugdehnungen resultieren in Abweichungen der Werkstückendgeometrie von der gewünschten Soll-Geometrie. Für die Validierung der Simulationsmodelle wurde daher, zusätzlich zum Vergleich der Prozesskraftverläufe, ein Vergleich von experimentell bestimmter und simulierter Werkstückendgeometrie durchgeführt. Die Schnittansicht in Bild 4.15 zeigt die gute Korrelation der Geometrie für das numerische Ergebnis des FEM/BEM-Modells sowie die Messpositionen für die Validierung.

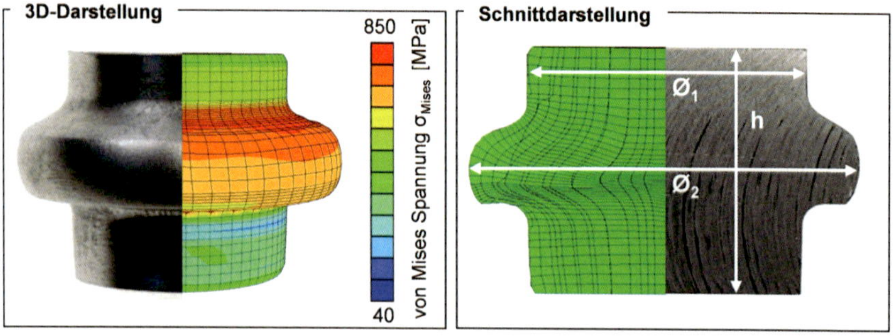

Bild 4.15: Validierung der numerischen Ergebnisse anhand des Vergleichs der Werkstückendgeometrie für das FEM/BEM-Modell

Validation of numerical results based on the comparison of final workpiece geometry for the FEM/BEM-model

Der Vergleich des arithmetischen Mittelwerts aus den manuellen Messungen der Werkstückhöhe und des Schaft- und Kragendurchmessers mit den Messmitteln Messschieber (Messgenauigkeit 0,05 mm) und Mikrometerschraube von drei experimentell erzeugten Werkstücken mit den Knotenabstandsmessungen in der Prozesssimulation zeigt die beste Übereinstimmung für das FEM/BEM-Modell, siehe Tabelle

4.7. Bei dem FEM/Rigid-Modell wurde die Werkstückhöhe aufgrund der bereits beim Prozesskraftverlauf beobachteten und erklärten Effekte um ca. 1 mm zu gering abgebildet. Hieraus resultiert für das FEM/Rigid-Modell eine maximale geometrische Abweichung von 3,05 % bezüglich der experimentell ermittelten Werkstückhöhe. Durch das FEM/FEM-Modell wurde die Werkstückhöhe leicht überschätzt, was infolge dessen auch zu einem im Vergleich zum Experiment zu geringen Kragendurchmesser führt. Bei dem FEM/FEM-Modell liegt daher am Kragendurchmesser die maximale geometrische Abweichung von 4,09 % vor. Die höchste Genauigkeit der numerischen Ergebnisse konnte somit durch die Modellierung des gesamten elastischen Werkzeugverhaltens mit dem FEM/BEM-Modell erreicht werden. Die maximale Abweichung gegenüber dem Experiment beträgt hier lediglich 2,09 % und liegt ebenfalls am Kragendurchmesser vor. Theoretisch sollte die Abbildungsgenauigkeit des FEM/FEM- und FEM/BEM-Modells identisch sein, da sie beide das gesamte Werkzeugsystem elastisch abbilden. Es handelt sich jedoch sowohl bei der FEM als auch der BEM um numerische Methoden auf Basis von fehlerbehafteten Näherungslösungen. In dem hier untersuchten Anwendungsfall lieferte der Ansatz der BEM die exaktere Lösung in Form einer realitätsnäheren Modellierung der Steifigkeit des Werkzeugsystems.

Tabelle 4.7: Vergleich der experimentellen und simulierten Werkstückendgeometrie
Comparison of experimental and simulated final workpiece dimensions

	Exp. [mm]	FEM/Rigid [mm]	Abw. [%]	FEM/FEM [mm]	Abw. [%]	FEM/BEM [mm]	Abw. [%]
$\varnothing_1$	30,25	30,04	0,69	30,01	0,79	30,16	0,29
$\varnothing_2$	44,00	44,37	0,83	42,27	4,09	43,10	2,09
h	28,50	27,63	3,05	28,87	1,30	28,44	0,21

Validierung der radialen, elastischen Werkzeugdehnung

Der Hauptfokus der in diesem Kapitel untersuchten Unterthese besteht in der präzisen numerischen Vorhersage der mechanischen Werkzeugbelastungen. Die Werkzeugbelastungen während des Kaltmassivumformprozesses führen aufgrund des elastischen Materialverhaltens der Werkzeugkomponenten zu einer elastischen Dehnung dieser. Zudem führt FALK aus, dass zur Validierung von numerischen Ergebnissen einer Prozesssimulation insbesondere der Vergleich der elastischen Dehnungsverteilung an der Matrize geeignet ist. Hieraus lässt sich besonders präzise ableiten, ob die im Modell gewählten Rand- und Auflagerbedingungen der Realität hinreichend genau entsprechen. [FALK00] Daher erfolgte der Abgleich der experimentell gemessenen radialen Werkzeugdehnungen aus Kapitel 4.4.4 mit den numerischen Ergebnissen. Da das FEM/Rigid-Modell aufgrund der Modellierung des Werkzeugsystems durch Starrkörper nicht in der Lage ist Aussagen über die Werkzeugbelastungen zu liefern, wurden für den in Bild 4.16 gezeigten Vergleich nur das FEM/FEM- sowie das FEM/BEM-Modell herangezogen. Die beiden Prozesssimulationsmodelle beinhalten kein asymmetrisches Verhalten z.B. aufgrund von Pressenverlagerungen. Daher wird repräsentativ für die experimentellen Ergebnisse der Mittelwert aller vier Dehnungskurven am unteren Matrizeneinsatz aus Bild 4.13 in den Diagrammen dargestellt. Da die Auswertung der numerischen Dehnungswerte einen schwingenden Verlauf ergab, wurde dieser mit einem gleitenden Mittelwert zweiter Ordnung geglättet.

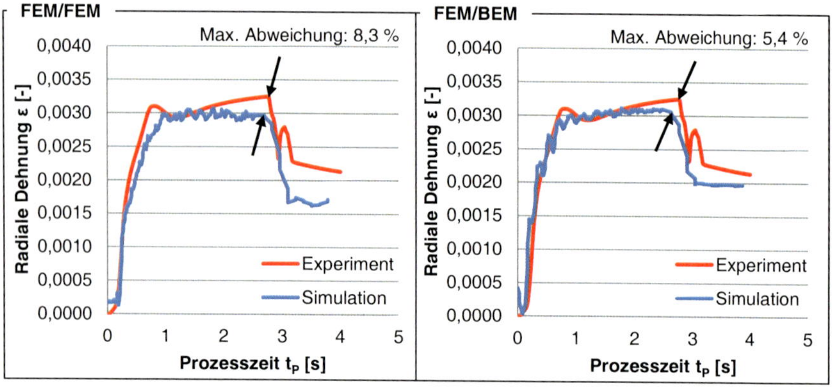

Bild 4.16: Validierung der numerischen Ergebnisse anhand des Vergleichs der radialen, elastischen Dehnungen

Validation of numerical results based on the comparison of radial elastic strain

Die Darstellung der Dehnungsverläufe ist auf den Bereich begrenzt, bis die radiale Dehnung den sich aufgrund der elastischen Rückfederung des im Werkzeug verbleibenden Werkstücks einstellenden, konstanten Wert erreicht. Die Verläufe der numerischen Ergebnisse beider Modelle zeigen generell eine gute Übereinstimmung mit dem Verlauf der experimentellen Werte. Die ungenauere Abbildung der Werkstückhöhe durch das FEM/FEM-Modell spiegelt sich jedoch auch in den zugehörigen numerisch berechneten Werten der radialen, elastischen Dehnung wider. Diese fällt aufgrund der zu geringen Stauchung des Werkstücks im Vergleich zum Experiment ebenfalls zu gering aus. Die maximale Abweichung zwischen FEM/FEM-Modell und Experiment beträgt 8,3 %. Das FEM/BEM-Modell liefert hingegen die exaktere Reproduktion der experimentellen Dehnungscharakteristik des Werkzeugs über den Prozessverlauf des Querfließpressens. Hier liegt die maximale Abweichung bei lediglich 5,4 %. Dies führt zu der Schlussfolgerung, dass die Modellierung des gesamten Werkzeugsystems mittels der kombinierten FEM/BEM-Simulationsmethodik in einer zeiteffizienten sowie präzisen, numerischen Vorhersage der elastischen Werkzeugdehnungen und damit der mechanischen Werkzeugbelastungen resultiert. Da zudem alle vorherigen Vergleiche von experimentell gemessenen und numerisch berechneten Ergebnissen eine gute Übereinstimmung zeigen, wird das FEM/BEM-Prozesssimulationsmodell des Querfließpressprozesses als validiert angesehen.

4.5.2 Resultierende Werkzeugbelastung und -verformung

Resulting tool load and deformation

Ziel der in diesem Kapitel beschriebenen Forschungsarbeiten ist die Realisierung einer präzisen, im Vergleich zur konventionellen FEM zeiteffizienteren numerischen Berechnung von mechanischen Werkzeugbelastungen. Daher erfolgt abschließend die Untersuchung der resultierenden Werkzeugspannungsbelastung sowie der sich ergebenden elastischen Verformung des unteren Matrizeneinsatzes. Als Maß für die elastische Werkzeugverformung lassen sich die Knotenverschiebungen zwischen Prozessbeginn und -ende in der Prozesssimulation auswerten. In Bild 4.17 sind die Spannungsverteilung nach von Mises und die resultierende elastische Knotenverschiebung in radialer Richtung des unteren Matrizeneinsatzes am höchsten Wert des Stempelwegs und somit dem Ende des Querfließpressprozesses für das FEM/BEM-Modell dargestellt.

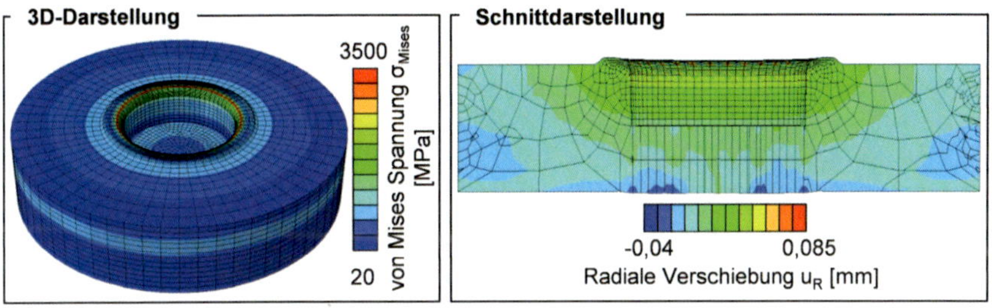

Bild 4.17: Spannungsverteilung und resultierende Knotenverschiebung im unteren Matrizeneinsatz bei dem FEM/BEM-Modell

Stress distribution and resulting node displacements in the lower die insert of the FEM/BEM-model

Der Maximalwert der Spannungsbelastung beträgt hierbei ca. $\sigma_{Mises,max} = 3500$ MPa und bildet sich linienförmig über dem Umfang der Fließpressschulter im Bereich des Werkstückkontakts aus. Diese numerisch ermittelte Spannungsbelastung liegt im realistischen Bereich für Kaltmassivumformprozesse. Durch Reduzierung dieser sehr lokal vorliegenden Spannungsbelastung, z.B. durch eine numerische Gestaltoptimierung, ließe sich die Standmenge des Werkzeugs erhöhen. Durch die hohe Spannungsbelastung in diesem Bereich kommt es an der Fließpressschulter ebenfalls zu der höchsten elastischen Dehnung des Werkzeugs. Kritisch für die resultierende Bauteilgeometrie ist insbesondere die radiale, elastische Dehnung der Werkzeuginnenkontur im Bereich des unteren Schaftdurchmessers. Eine positive elastische Werkzeugdehnung führt hier zu einem vergrößerten Schaftdurchmesser gegenüber der Soll-Geometrie. Bei diesem bezüglich der Werkstückkomplexität einfachen Querfließpressprozess mit freiem Materialfluss zwischen der oberen und unteren Matrize, tritt im Bereich der Matrizenschulter bereits eine maximale elastische Werkzeugkonturverschiebung von $u_R \approx 0{,}085$ mm in radialer Richtung auf. Diese führt zu einer Abweichung in gleicher Größenordnung zwischen Soll- und Ist- Geometrie für den unteren Schaftdurchmesser des Werkstücks. Bei komplexeren Prozessen mit höheren Prozesskräften und größeren resultierenden Werkzeugbelastungen kommt es zu einer noch höheren elastischen Verformung des Werkzeugs. Bei der Produktion von net-shape Bauteilen müssen diese Werkzeugverformungen zwingend bei der Auslegung des Werkzeugdesigns berücksichtigt werden. Es ist daher essentiell, dieses Wissen im Vorhinein in präzisen numerischen Simulationen mittels Modellierung des gesamten Werkzeugsystems zu generieren. Im Rahmen der Werkzeugauslegung kann dieses numerisch generierte Wissen über die elastische Werkzeugdehnung genutzt werden, um die Geometrieabweichung durch eine entsprechende Anpassung der Werkzeugkontur zu kompensieren. Mit einem FEM/Rigid-Modell können keinerlei Aussagen zur Werkzeugbelastung oder -verformung getroffen werden. Bei einem FEM/FEM-Modell liegen diese Informationen vor, jedoch wird hierzu eine deutlich höhere Rechenzeit als bei dem FEM/BEM-Modell benötigt.

4.6 Zwischenfazit und Verifikation der ersten Unterthese

Preliminary conclusions and verification of the first subthesis

Zusammenfassend kann festgestellt werden, dass die entwickelte FEM/BEM-Simulationsmethodik eine zeiteffiziente Berechnungsmethode zur präzisen Vorhersage der mechanischen Werkzeugbelastungen für einen Querfließpressprozess mittels gekoppelter, dreidimensionaler Modellierung des gesamten Werkzeugsystems darstellt. Damit wurde der Nachweis erbracht, dass sich die FEM/BEM-Simulationsmethodik zielführend auf Anwendungen im Bereich der Kaltmassivumformung übertragen lässt. Hierzu wurde zunächst ein FEM/BEM-Simulationsmodell des Kaltmassivumformprozesses Querfließpressen entwickelt und untersucht. Der erstmalige Vergleich der realen Rechenzeit von Prozesssimulationen gegenüber einem konventionellen FEM-Modell belegte die Zeiteffizienz der FEM/BEM-Simulationsmethodik. Gegenüber dem konventionellen FEM-Modell konnte eine Reduzierung der Rechenzeit um den Faktor 2,3 beziehungsweise 2,65 (ohne Berücksichtigung der Berechnungszeit für die BEM-Steifigkeitsmatrix) erreicht werden. Der Vergleich von experimentell ermittelten Daten und den simulierten Ergebnissen bezüglich des Prozesskraftverlaufs, der Werkstückendgeometrie und der radialen, elastischen Werkzeugdehnungen bewies die Abbildungsgenauigkeit und somit die Validität des kombinierten FEM/BEM-Modells sowie der numerisch berechneten Ergebnisse. Durch die dreidimensionale Modellierung des gesamten elastischen Werkzeugverhaltens im FEM/BEM-Modell konnte eine höhere Genauigkeit der numerisch bestimmten Simulationsergebnisse im Vergleich zum FEM/Rigid- und FEM/FEM-Modell erzielt werden. Dies weist die Präzision der FEM/BEM-Simulationsmethodik nach. Die mit der FEM/BEM-Simulationsmethodik generierten numerischen Ergebnisse bezüglich der mechanischen Werkzeugbelastungen und der resultierenden elastischen Dehnung ermöglichen daher eine zeiteffiziente Geometrieoptimierung der Werkzeugaktivflächen. Damit ist die in dieser Arbeit postulierte erste Unterthese verifiziert.

5 Modellierung der Werkstück-Werkzeug-Maschinen-Interaktionen

Modeling of the workpiece-tool-machine interactions

Gegenstand der Untersuchungen in diesem Kapitel ist die Erhöhung der Abbildungsgenauigkeit durch die zusätzliche Modellierung des elastischen Maschinenverhaltens in der Prozesssimulation. Das Kapitel behandelt somit die Unterthese 2:

Durch die analytische Modellierung des elastischen, quasistatischen Maschinenverhaltens zur Abbildung der Werkstück-Werkzeug-Maschinen-Interaktionen lässt sich die Abbildungsgenauigkeit der FEM/BEM-Prozesssimulation weiter steigern.

Zur Überprüfung dieser These wird zunächst ein analytisches Modell des quasistatischen elastischen Maschinenverhaltens auf Basis von empirischen Stauchversuchen aufgestellt. Anschließend erfolgt die Integration des analytischen Maschinenmodells in die numerische FEM/BEM-Prozesssimulation des Querfließpressens, deren Anwendung in Kapitel 4 erforscht wurde. Ziel ist eine Steigerung der Abbildungsgenauigkeit der numerischen Ergebnisse durch einen umfassenden Modellierungsansatz. Der umfassende Ansatz der Prozesssimulation beinhaltet die dreidimensionale Modellierung der Interaktionen zwischen Werkstück, Werkzeug und Maschine. Im Gegensatz zu anderen Methoden erfolgte hier die direkte Integration des Maschinenmodells in das Prozesssimulationsmodell auf Basis der FE-Software Abaqus. Der Vorteil dieser Vorgehensweise liegt in dem Wegfall eines zeitabhängigen Datenaustauschs zwischen der Simulationssoftware und einer externen Software zur Berechnung des Maschineneinflusses. Durch das gemeinsame Modell wird die Stabilität der Kontaktverhältnisse erhöht und das elastische Maschinenverhalten zusammen mit dem Werkzeug- und Werkstückverhalten in jedem einzelnen Zeitschritt berechnet. Daher treten keine Zeit- beziehungsweise Genauigkeitsverluste während eines Datentransfers mit einer externen Software auf. Weiterhin wird die Integration eines Maschinenmodells durch diese Methodik vereinfacht, da keine zusätzliche Software erforderlich ist. Die wesentliche Herausforderung bei der untersuchten Vorgehensweise bestand jedoch in der stabilen und gleichzeitig validen Integration des elastischen Maschinenverhaltens direkt in die Prozesssimulation auf Basis der FEM/BEM-Simulationsmethodik. Neben dem FEM/BEM-Modell des Querfließpressprozesses wurde zusätzlich ein FEM-Modell des zur empirischen Ermittlung der elastischen Maschinenkennwerte durchgeführten Stauchversuchs erstellt. Anhand dieses vereinfachten numerischen Modells erfolgte eine erste Validierung der Integration des analytischen Maschinenmodells in die Prozesssimulation. Im Gegensatz zu dem nachfolgend untersuchten Querfließpressprozess ist die obere Stauchplatte hier nicht geführt. Dies führt insbesondere bei außermittiger Positionierung des Werkstücks zu einem stärkeren Verkippen der Presse und somit zu einer vereinfachten Validierung der Steigerung der Abbildungsgenauigkeit durch das direkt in die Prozesssimulation integrierte, elastische Maschinenmodell. Die Untersuchung der Genauigkeitssteigerung erfolgte anschließend ebenfalls durch einen Vergleich der numerischen Ergebnisse der Prozesssimulation des Querfließpressens mit und ohne Maschinenmodell mit den in Kapitel 4 generierten experimentellen Versuchsdaten. Den Abschluss dieses Kapitels bilden ein Zwischenfazit, in dem die gewonnenen Erkenntnisse zusammengefasst werden, und die Verifikation der zweiten Unterthese.

5.1 Empirische Ermittlung des analytischen Maschinenmodells

Empirical determination of the analytical machine model

Sowohl die Werkzeugstandmenge als auch die Werkstückgenauigkeit und somit der Umformprozess werden signifikant durch Maschinen- und Werkzeugverformungen beeinflusst. [KRUS05], [SCHA08] Zur detaillierten Auslegung eines Kaltmassivumformprozesses, z.B. bezüglich der net-shape Fertigung der Werkstückgeometrie, ist daher eine umfassende Modellierung der Werkstück-Werkzeug-Maschinen-Interaktionen erforderlich. Allerdings führt die Modellierung der Interaktionen zwischen den verschiedenen Einflussfaktoren zu einer deutlichen Steigerung der Rechenzeit sowie der Modellkomplexität und erschwert hierdurch die stabile numerische Abbildung. [JUST07] Aufgrund des steigenden Berechnungsaufwands, insbesondere für dreidimensionale Modelle, wird in der industriellen Praxis meist auf die zusätzliche Modellierung der elastischen Maschinenverlagerung und -verkippung verzichtet. Durch die Verwendung der FEM/BEM-Simulationsmethodik, deren Zeiteffizienz in Kapitel 4 nachgewiesen wurde, reduziert sich dieses Defizit gegenüber der zusätzlichen Modellierung des Maschinenverhaltens innerhalb einer konventionellen FEM-Prozesssimulation.

Für die analytische Modellierung des Maschinenverhaltens wurden die Steifigkeiten der verwendeten hydraulischen Presse durch, nach DIN 55189 Teil 1 und Teil 2 genormte, empirische Stauchversuche ermittelt. Die Norm befasst sich mit der Messung von Verlagerungen an Pressen infolge statischer Belastung. Aus den Verlagerungen wurde ein analytisches Modell des elastischen, quasistatischen Maschinenverhaltens abgeleitet. Wichtigste Kennwerte zur Beschreibung des Maschinenverhaltens sind die Steifigkeit in Arbeitsrichtung und die Kippsteifigkeiten, welche nachfolgend detailliert beschrieben werden. Die Kennwerte sind konstant und stellen daher ein von der Nennpresskraft sowie der Geometrie der Presse unabhängiges Bewertungskriterium für die Presseneigenschaften dar. [DIN88a], [DIN88b] Die DIN 55189 sieht vor, die zur Bestimmung der Steifigkeitskennwerte erforderlichen Belastungen statisch mittels einer externen Belastungseinrichtung aufzubringen. TANNERT hat in seinen Untersuchungen allerdings nachgewiesen, dass keine signifikanten Abweichungen zwischen den Steifigkeitskennwerten, welche mittels externer Belastungseinrichtung und in realen Prozessen ermittelt wurden, bestehen [TANN09]. KROIß kommt zu dem Ergebnis, dass aufgrund des langsamen Kraftanstiegs während eines Kaltmassivumformprozesses eine quasistatische Pressenmodellierung zu einer hinreichend genauen Abbildung des elastischen Maschinenverhaltens führt [KROI12].

5.1.1 Experimenteller Versuchsaufbau zur Bestimmung der Steifigkeitskennwerte

Experimental setup for the determination of the stiffness parameters

Die experimentellen Versuche dienen der Generierung von empirischen Daten zur Modellierung der elastischen Eigenschaften der eingesetzten hydraulischen Presse. Für die analytische Modellierung des quasistatischen, elastischen Maschinenverhaltens wurden für die Presse sowohl die Steifigkeit in Arbeitsrichtung als auch die Kippsteifigkeiten in zahlreichen experimentellen Stauchversuchen unter Variation der Probenposition sowie weiterer Prozessparameter ermittelt. Die Prozessvariationen sind in DIN 55189 Teil 1 und Teil 2 spezifiziert und werden nachfolgend beschrieben. Bild 5.1 zeigt den verwendeten experimentellen Aufbau. [DIN88a], [DIN88b]

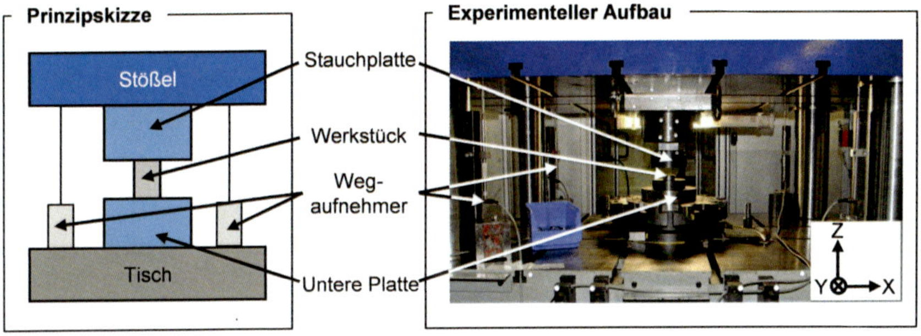

Bild 5.1: Prinzipskizze und experimenteller Aufbau der Stauchversuche

Schematic diagram an experimental setup for the compression tests

Zur Bestimmung der Pressensteifigkeiten wird für verschiedene, definierte Probenpositionen die Prozesslast bis zur maximal zulässigen Belastung aufgebracht. Während der Stauchversuche wurde für jede definierte Probenposition die Prozesskraft durch den in die Presse eingebauten Kraftaufnehmer der ME Messsysteme GmbH gemessen. Zudem wurde die Verlagerung der Maschine in Arbeitsrichtung mit vier externen, taktilen Wegaufnehmern vom Typ WA50 der HBM GmbH erfasst. Die Orientierung des in Bild 5.1 gezeigten Koordinatensystems entspricht der Normung in DIN 55189 für senkrecht arbeitende Pressen. Basierend auf den empirischen Daten der Wegaufnehmer und der Prozesskraftverläufe werden die Kennwerte des analytischen Maschinenmodells, welches in Kapitel 5.2 in die FEM/BEM-Prozesssimulation des Querfließpressprozesses integriert wird, definiert. [DIN88a], [DIN88b]

Bei der untersuchten Presse handelt es sich um die Hydraulikpresse aus Kapitel 4.4. Wie in Bild 5.2 zu sehen ist, wurde an jeder der vier Maschinenecken zwischen Tisch und Stößel jeweils ein taktiler Wegaufnehmer angebracht. Die verwendeten Wegaufnehmer besitzen einen maximalen Messweg von 50 mm. Bei der Ausrichtung der Wegaufnehmer ist zu beachten, dass diese symmetrisch zur Pressenmitte positioniert werden. Außerdem muss die Ermittlung der Verlagerung und der Kippungen gleichzeitig sowie bei unveränderter Lage der Wegaufnehmer erfolgen. Durch die geometrische Konstruktion des Maschinentisches resultiert ein Abstand der vier Wegaufnehmer von $l_{mX} = 1030$ mm in X-Richtung und $l_{mY} = 810$ mm in Y-Richtung. Die Wegaufnehmer messen während des Absenkens des Stößels den Stößelweg in allen vier Ecken des Maschinentisches. Somit werden während des Umformens indirekt die Stößelwegdifferenzen (ΔMA, ΔMB, ΔMC und ΔMD) erfasst.

Messaufbau

Bild 5.2: Anordnung der Wegaufnehmer zur Messung der Stößelbewegung

Arrangement of the displacement sensors for the ram movement measurement

Für den Stauchprozess bei Raumtemperatur wurden zylindrische Werkstücke aus dem identischen, bereits im Kapitel 4.4.1 beschriebenen Material 16MnCrS5 verwendet. Die Werkstückausgangsgeometrie ist mit einem Durchmesser von 29 mm und einer Höhe von 40 mm ebenfalls identisch zu dem im Kapitel 4 untersuchten Querfließpressprozess. Wie in der DIN 55189 Teil 1 und Teil 2 definiert, wurden die Versuche mit insgesamt fünf verschiedenen Positionen für die Platzierung des Werkstücks auf dem Stauchwerkzeug durchgeführt [DIN88a], [DIN88a]. Die Proben wurden zur Bestimmung der Steifigkeit in Arbeitsrichtung zunächst exakt mittig zwischen Stempel und Gegenstempel des Stauchwerkzeugs positioniert. Für die folgenden Stauchversuche zur Ermittlung der Kippsteifigkeiten wurden die Werkstücke dagegen außermittig positioniert. Dabei wurde das Werkstück jeweils um 20 mm auf der X- und Y-Achse (Δl_X, Δl_Y) von der Mittellage aus sowohl in positiver als auch negativer Richtung verschoben. Das Stauchwerkzeug blieb bei allen Versuchsvarianten zentrisch im Werkzeugeinbauraum zwischen Tisch und Stößel der hydraulischen Presse montiert. Während der Stauchversuche sollte die Presse mit der maximal durch den Pressenhersteller definierten Prozesskraft und dem maximal zulässigen Belastungsmoment um die X- sowie um die Y-Achse belastet werden. Sowohl die verwendete hydraulische Presse als auch die kalibrierte Prozesskraftmessung sind bei axialer Belastung bis zu einer maximalen Presskraft von 2000 kN ausgelegt. Das maximale Belastungsmoment der Presse bei einer außermittigen Belastung mit einem Abstand von 20 mm vom Stößelmittelpunkt beträgt 32 kNm. Somit ergibt sich bei dem verwendeten Stauchprozess ein maximaler Stößelweg von 24 mm. Die Umsetzung beispielhafter Werkstückpositionen sowie das Werkstück nach dem Stauchprozess sind in Bild 5.3 dargestellt.

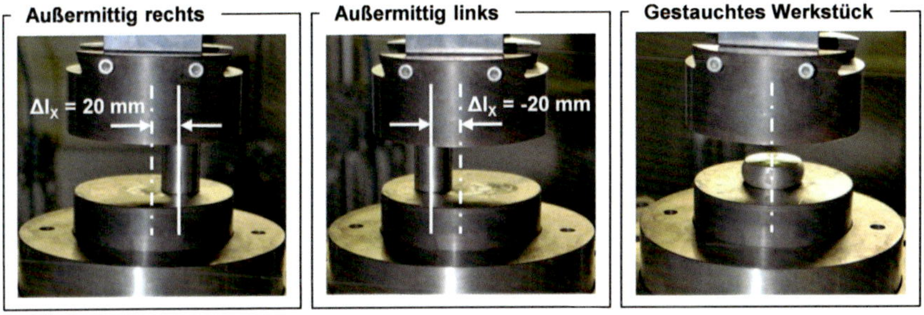

Bild 5.3: Umsetzung zweier außermittiger Werkstückpositionierungen sowie ein Werkstück nach dem Stauchprozess

Realization of two excentric workpiece positions and a workpiece after the compression process

5.1.2 Definition des analytischen Maschinenmodells und experimentelle Ergebnisse

Definition of the analytical machine model and experimental results

Bild 5.4 zeigt schematisch die Gesamtverlagerung v_{gesZ} zwischen Maschinentisch und Stößel in Arbeitsrichtung. Sie ist definiert als die aus einer mittig wirkenden Kraft F_Z resultierende, gemittelte Abstandsänderung zwischen Pressentisch und Stößel. Berechnet wird die Gesamtverlagerung in Arbeitsrichtung v_{gesZ} nach Formel (5.1) durch den arithmetischen Mittelwert der durch die vier Wegaufnehmer gemessenen Verlagerungen ΔMA, ΔMB, ΔMC und ΔMD. [DIN88a]

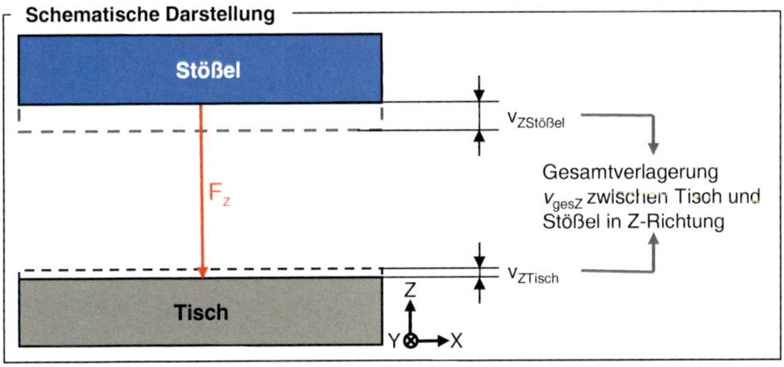

Bild 5.4: Einzel- und Gesamtverlagerung bei mittiger Belastung nach [DIN88a]

Single and total displacement at concentric load

$$v_{gesZ} = \frac{(\Delta MA + \Delta MB + \Delta MC + \Delta MD)}{4} \tag{5.1}$$

In Bild 5.5 ist die Verlagerung v_Z in Arbeitsrichtung als Funktion der Kraft F_Z dargestellt. Es ist ersichtlich, dass sich die Gesamtverlagerung aus der Anfangsverlagerung v_{aZ} und der Summe der elastischen Verformungen v_{elZ} zusammensetzt, siehe Formel (5.2). Die Anfangsverlagerung resultiert z.B. aus Spielanteilen, während die elastischen Verformungen aus der Auffederung einzelner Maschinenkomponenten, wie Maschinentisch oder Hydraulikstempel, folgen. [DIN88a]

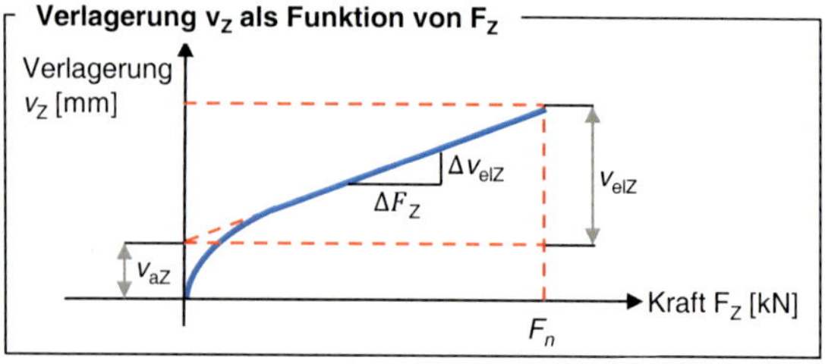

Bild 5.5: Darstellung der Verlagerung v_Z als Funktion der Kraft F_Z nach [DIN88a]
Illustration of the displacement v_Z as a function of the force F_Z

$$v_{gesZ} = v_{aZ} + v_{elZ} \tag{5.2}$$

Die für die Maschinenmodellierung erforderliche Pressensteifigkeit c_Z in Arbeitsrichtung lässt sich nach Formel (5.3) ermitteln [DIN88a].

$$c_Z = \frac{\Delta F_Z}{\Delta v_{elZ}} \tag{5.3}$$

Die gemessenen Stößelverlagerungen und der Prozesskraftverlauf der bei mittiger Werkstückpositionierung durchgeführten Stauchversuche über die Prozesszeit wurden nach den oben genannten Formeln ausgewertet. Die mathematischen Auswertungen ergaben für die untersuchte hydraulische Presse einen Steifigkeitskennwert in Arbeitsrichtung von c_Z = 26,94425 [kN/mm].

Eine außermittige Werkstückpositionierung in Y-Richtung resultiert im Stauchprozess in einer Kippung des Pressenstößels um die X-Achse. Dies wird in Formel (5.4) durch den Index A bei der Kippsteifigkeit gekennzeichnet. Analog hierzu wird eine aus außermittiger Positionierung in X-Richtung resultierende Kippung des Stößels um die Y-Achse durch den Index B gekennzeichnet, siehe Formel (5.5). Bild 5.6 zeigt die negative Gesamtkippung um die Y-Achse k_{gesB} zwischen Tisch und Stößel, welche durch eine außermittige Belastung in positiver X-Richtung hervorgerufen wird. Die resultierende Gesamtkippung k_{ges} wird als Neigung zwischen Stößelunterseite und Tischfläche bei außermittiger Belastung F_z verstanden. Die Werkstücke werden von der Mittellage aus sowohl in positiver als auch in negativer Achsenrichtung verschoben. Daher werden die Kippsteifigkeiten in Abhängigkeit der Belastungsrichtung sowohl um die positive als auch die negative Achsenrichtung bestimmt. Eine Kippung im Uhrzeigersinn um eine Achse wird als positiv definiert. [DIN88b]

$$k_{gesA} = \frac{(\Delta MC + \Delta MD) - (\Delta MA + \Delta MB)}{2 \cdot l_{mY}} \tag{5.4}$$

$$k_{gesB} = \frac{(\Delta MA + \Delta MD) - (\Delta MB + \Delta MC)}{2 \cdot l_{mX}} \tag{5.5}$$

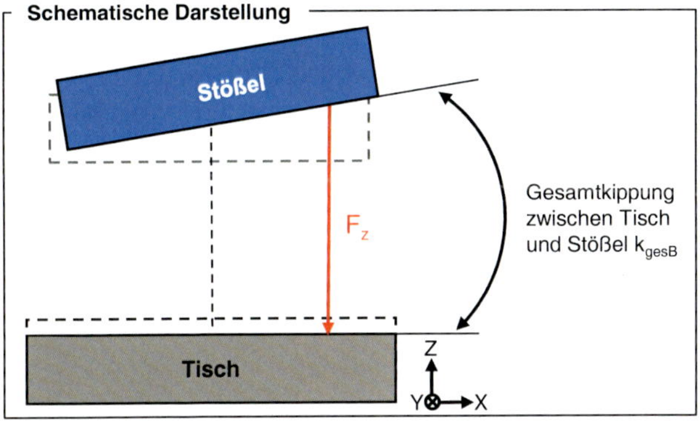

Bild 5.6: Gesamtkippung bei außermittiger Belastung in X-Richtung nach [DIN88b]
Total tilt at excentric load in X-direction

Auch die Gesamtkippung k_{ges} besteht aus der Summe der Anfangskippung k_a, welche z.B. durch Führungsspiele hervorgerufen wird, sowie der aus den elastischen Gestell- und Stößelverformungen resultierenden elastischen Kippung k_{el}. Die Anfangskippung ist ein konstanter Wert und hat somit keinen Einfluss auf das prozessabhängige, elastische Maschinenverhalten und somit der Kippsteifigkeit des Stößels. Daher stellt die elastische Kippung die ausschlaggebende Kippung für die Ermittlung des analytischen Modells des Maschinenverhaltens dar. Die Gesamtkippung wird als Funktion der Belastungskraft F_Z beziehungsweise des Belastungsmoments M_{zul} als Produkt der Belastungskraft F_Z und der Außermittigkeit des Kraftangriffs Δl ermittelt. Diese Zusammenhänge sind in den Formeln (5.6) und (5.7) dargestellt. [DIN88b]

$$k_{gesA} = k_{aA} + k_{elA} \tag{5.6}$$

bei einem Belastungsmoment von:

$$M_{Azul} = F_Z \cdot \Delta l_Y$$

$$k_{gesB} = k_{aB} + k_{elB} \tag{5.7}$$

bei einem Belastungsmoment von:

$$M_{Bzul} = F_Z \cdot \Delta l_X$$

In Bild 5.7 ist das idealisierte Kippungsverhalten einer hydraulischen Presse schematisch dargestellt. Aus dem grafischen Verlauf ist ersichtlich, dass die Gesamtkippung

k_{ges} mit steigender Kraft F_Z zunimmt. Nach einem kurzen, nichtlinearen Verlauf stellt sich eine konstante Steigung ein. Die Aufstellung einer solchen Grafik ermöglicht somit die Ermittlung der Anfangskippung k_a sowie die Definition der für die Modellierung des prozessabhängigen Maschinenverhaltens relevanten elastischen Kippungen k_{el}. [DIN88b]

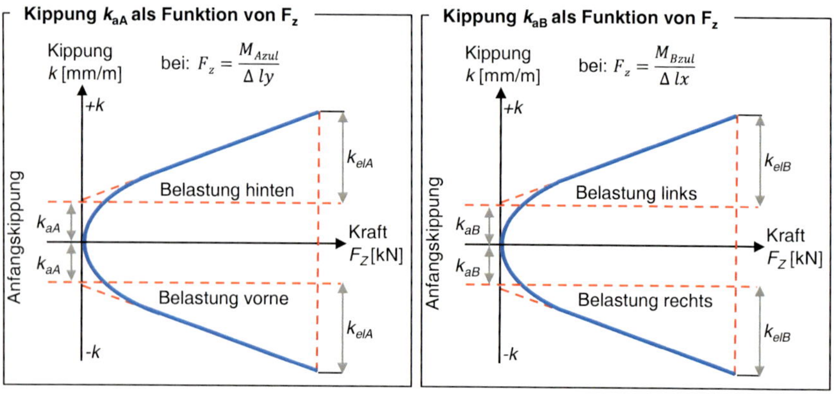

Bild 5.7: Darstellung der Kippung k als Funktion der Kraft F_Z nach [DIN88b]
Illustration of the tilt k as a function of the force F_Z

Die Kippsteifigkeiten um die X-Achse c_{kA} und um die Y-Achse c_{kB} ergeben sich anschließend nach den folgenden Formeln (5.8) sowie (5.9) [DIN88b].

$$c_{kA} = \frac{\Delta F_Z \cdot \Delta l_Y}{\Delta k_{elA}} \tag{5.8}$$

$$c_{kB} = \frac{\Delta F_Z \cdot \Delta l_X}{\Delta k_{elB}} \tag{5.9}$$

Bild 5.8 zeigt die experimentellen Ergebnisse der empirischen Stauchversuche bei außermittiger Werkstückpositionierung um $|\Delta l_Y| = 20$ mm in positiver und negativer Y-Richtung (vorne und hinten). Das Diagramm bildet die elastische Kippung um die X-Achse k_{elA} als Funktion des Belastungsmoments M_{Azul} ab. Die jeweilige Steigung der beiden Geraden stellt somit die Kippsteifigkeiten +/- c_{kA} dar.

Des Weiteren zeigt Bild 5.9 die experimentellen Ergebnisse der empirischen Stauchversuche bei außermittiger Werkstückpositionierung um $|\Delta l_X| = 20$ mm in positiver und negativer X-Richtung (rechts und links). Das entsprechende Diagramm zeigt die elastische Kippung um die Y-Achse k_{elB} in Abhängigkeit des Belastungsmoments M_{Bzul}. Hier repräsentiert die jeweilige Steigung der beiden abgebildeten Geraden die Kippsteifigkeiten +/- c_{kB}.

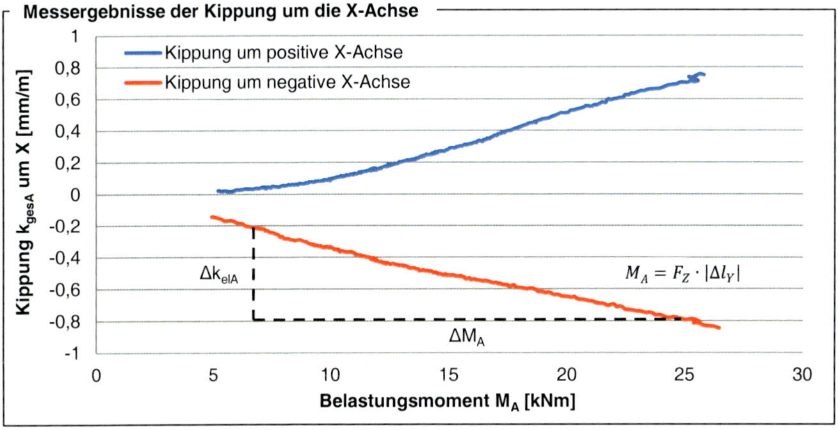

Bild 5.8: Messergebnisse für die außermittige Werkstückpositionierung in Y-Richtung
Measurement results for the excentric workpiece positioning in Y-direction

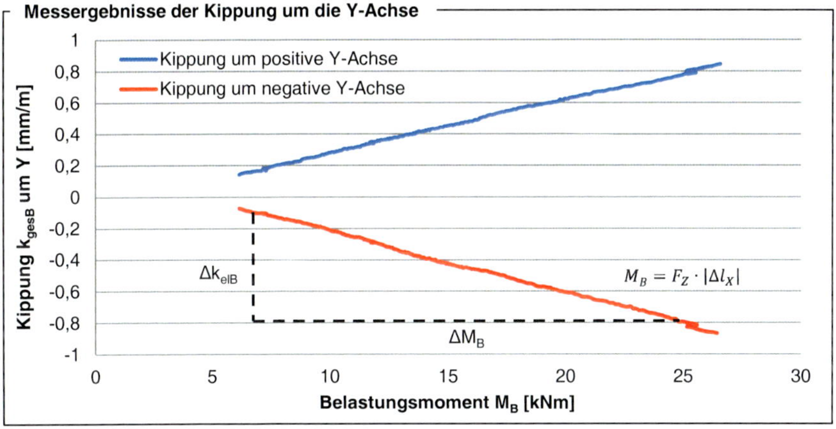

Bild 5.9: Messergebnisse für die außermittige Werkstückpositionierung in X-Richtung
Measurement results for the excentric workpiece positioning in X-direction

Die mathematischen Auswertungen der taktil gemessenen Stößelverlagerungen und der Prozesskraftverläufe über die Prozesszeit der durchgeführten Stauchversuche gemäß den oben definierten Formeln ergaben die in Tabelle 5.1 aufgeführten Steifigkeitskennwerte für die untersuchte hydraulische Presse. Die resultierende Gesamtverkippung der Maschine im quasistatischen Belastungsfall ist nun durch die ermittelten Steifigkeitskennwerte bei Kenntnis über Höhe und Ort der Krafteinleitung analytisch modellierbar. Die Berechnung der z.B. durch einen Umformprozess auf die Presse wirkenden mechanischen Kräfte kann in den meisten Fällen nur durch eine numerische Prozesssimulation erfolgen. Daher wurde im folgenden Kapitel die Integration des analytischen Maschinenmodells in die dreidimensionale Prozesssimulation des Querfließpressens untersucht.

Tabelle 5.1: Ermittelte Kippsteifigkeitskennwerte der untersuchten hydraulischen Presse
Determined tilt stiffness parameters of the investigated hydraulic press

	Kippsteifigkeit c_K [kNm/(mm/m)]
Positive X-Achse + c_{kA}	25,64
Negative X-Achse - c_{kA}	32,05
Positive Y-Achse + c_{kB}	29,41
Negative Y-Achse - c_{kB}	25,58

5.2 Integration des analytischen Maschinenmodells in die dreidimensionale Prozesssimulation

Integration of the analytical machine model into the three-dimensional process simulation

Zur Steigerung der Abbildungsgenauigkeit der numerischen Ergebnisse ist die Integration des zuvor empirisch ermittelten, analytischen Maschinenmodells in die in Kapitel 4 untersuchte numerische FEM/BEM-Prozesssimulation des Querfließpressens erforderlich. Hierzu erfolgte zunächst eine Erweiterung und Anpassung des bereits existenten numerischen FEM/BEM-Modells. Die wesentliche Herausforderung bei der Integration des Maschinenmodells in die Prozesssimulation bestand in der Identifikation von geeigneten Modellkomponenten mit denen sich eine stabile und valide Modellierung des elastischen Maschinenverhaltens direkt in der Prozesssimulation mit der FEM/BEM-Simulationemethodik realisieren lässt. Zur Ermöglichung einer validen Integration der elastischen Steifigkeitskennwerte des analytischen, quasistatischen Maschinenmodells erfolgte die Untersuchung verschiedener in der FE-Software Abaqus implementierter Verbindungselemente (Konnektoren) und deren Eigenschaften hinsichtlich der spezifischen Konfigurationsmöglichkeiten sowie der resultierenden Modellstabilität. Die experimentell ermittelten Steifigkeitskennwerte der untersuchten hydraulischen Presse wurden anschließend in den entsprechenden Konnektor-Eigenschaften hinterlegt. Weiterhin galt es die Problematik zu lösen, geeignete Randbedingungen für das erweiterte FEM/BEM-Modell zu definieren. Aus dem erweiterten FEM/BEM-Modell des Querfließpressprozesses mit integriertem analytischem Maschinenmodell wurde zudem ein zusätzliches Modell des zur experimentellen Ermittlung der elastischen Steifigkeitskennwerte durchgeführten Stauchversuchs abgeleitet. Da im Vergleich zum geschlossenen Werkzeugsystem beim Querfließpressen bei dem offenen Stauchwerkzeug mit außermittiger Positionierung des Werkstücks eine stärkere Verkippung der Maschine auftritt, wurde die Steigerung der Abbildungsgenauigkeit durch die Integration des Maschinenmodells zusätzlich anhand der Prozesssimulation des Stauchprozesses untersucht.

Nachfolgend werden zunächst die Erweiterungen und Anpassungen zwecks Modellierung des elastischen, quasistatischen Maschinenverhaltens des Simulationsmodells des Querfließpressprozesses auf Basis der effizienten FEM/BEM-Simulationsmethodik beschrieben. Alle geometrischen Komponenten des Maschinenmodells wurden als Starrkörper ausgeführt. Somit wurde das elastische Maschinenverhalten in der Prozesssimulation ausschließlich über Anbindungselemente realisiert. Daher mussten zusätzlich zu den bereits in Kapitel 4.3.2 beschriebenen Materialmodellen keine weiteren definiert werden. Ebenso haben die in Kapitel 4.3.3 beschriebenen Kontaktdefinitionen weiterhin vollständig Bestand. Die numerische Berechnung der um das analytische Maschinenmodell erweiterten FEM/BEM-Prozesssimulation des Querfließpressens erfolgte nach wie vor mit dem expliziten Solver der FE-Software Abaqus. Es ist zudem zu beachten, dass die Orientierung des dem numerischen FEM/BEM-Modell zugrunde liegenden Koordinatensystems von dem des analytischen Maschinenmodells gemäß DIN 55189 abweicht. Die Z-Achse des experimentellen Maschinenmodells entspricht im untersuchten Simulationsmodell der Y-Achse und umgekehrt. Eine Anpassung der Orientierung der Steifigkeitskennwerte wurde entsprechend vorgenommen.

5.2.1 Geometriemodellierung und Definition der Konnektorelemente

Geometry modeling and definition of connector elements

Die Basis für die Erweiterungen und Anpassungen der Geometrie des Prozesssimulationsmodells mit zusätzlicher Modellierung des elastischen Maschinenverhaltens stellt die in Kapitel 4.3.1 definierte Geometrie des FEM/BEM-Modells dar. Das Modell beinhaltet weiterhin das gesamte Werkzeugsystem bestehend aus dem Werkzeugkörper und den einzelnen Aktivelementen, siehe Bild 5.10 (links).

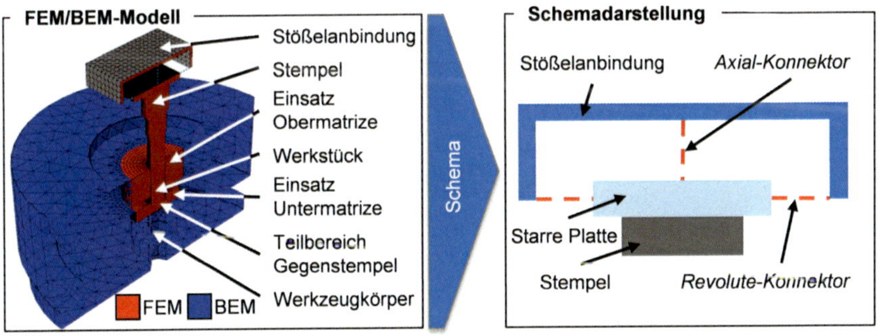

Bild 5.10: Geometrie des FEM/BEM-Modells und Schemadarstellung der Stößelanbindung

Geometry of the FEM/BEM-model and cut view of the ram linkage

Ebenfalls identisch bleibt die Gebietszerlegung in FEM- und BEM-Domänen, so dass Werkstück, Stempel, ein Teilbereich des Gegenstempels sowie die Einsätze der Ober- und Untermatrize weiterhin mit finiten Volumenelementen modelliert wurden.

Die Armierungsringe und die weiteren Werkzeugkomponenten wurden erneut durch eine BEM-Oberflächendiskretisierung modelliert.

Zur direkten Integration des analytischen Maschinenmodells in das Prozesssimulationsmodell auf Basis der FE-Software Abaqus wurden zusätzliche Komponenten modelliert. Die Anbindung des Stempels an den Maschinenstößel wurde in dem erweiterten FEM/BEM-Modell über zwei durch Konnektoren verbundene Körper realisiert, siehe Schnittansicht in Bild 5.10 (rechts). Hierzu wurde eine quadratische, starre Platte, welche über eine *tie* Zwangsbedingung mit dem Stempel gekoppelt ist, mittels des *Axial-* und der *Revolute-Konnektoren* an die Stößelanbindung in Form einer quadratischen Schale angebunden. Die Eigenschaften der Konnektoren werden in den folgenden Abschnitten detailliert diskutiert. Beide neuen Modellkomponenten wurden als dreidimensionale starre Volumenkörper modelliert. Somit ist für diese beiden Körper selbst keine Verformung zugelassen. Für die Prozesssimulation des Querfließpressens mit dem erweiterten FEM/BEM-Modell wurde die Amplitude des Stempelwegverlaufs nun nicht mehr direkt für den Stempel, sondern für die Stößelanbindung definiert. Diese überträgt die Bewegungsamplitude anschließend über die Konnektoren auf die starre Platte und somit auch auf den Stempel. Aufgrund der unterschiedlichen experimentell ermittelten und in den Eigenschaften der Konnektoren hinterlegten Steifigkeitskennwert resultiert bei Belastung dieser Modellkomponenten durch die Prozesskräfte des Querfließpressens eine axiale Verschiebung und eine Verkippung des Stempels.

Die durch den entsprechenden Steifigkeitskennwert c_Z definierte Verlagerung der Maschine in Arbeitsrichtung wurde in dem erweiterten FEM/BEM-Modell durch einen Abaqus *Axial-Konnektor* modelliert, siehe Bild 5.11. Im Gegensatz zu den ebenfalls in Abaqus implementierten *Spring-Elementen*, welche einen weiteren speziellen Konnektor-Typ darstellen, lassen sich die *Axial-Konnektoren* bezüglich ihrer Freiheitsgrade und Eigenschaften spezifischer konfigurieren. *Spring-Elemente* erlauben beispielsweise eine Torsion der beiden verbundenen Körper.

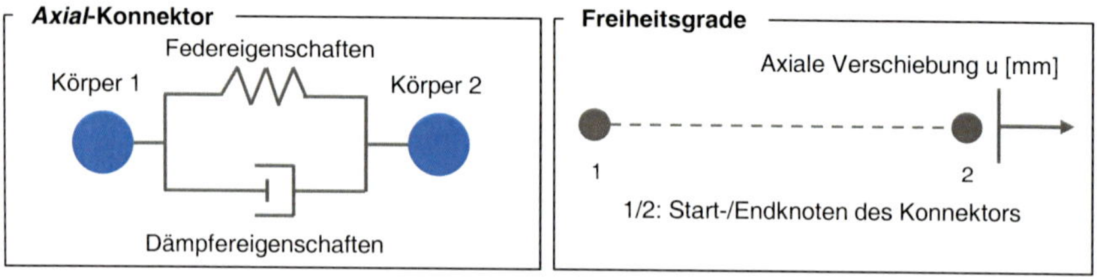

Bild 5.11: Funktionsweise des Abaqus *Axial*-Konnektors [DASS14a]
Functionality of the Abaqus Axial-Connector

Untersuchungen mit beiden Anbindungselementen zeigten, dass *Spring-Elemente* aufgrund ihrer höheren Freiheitsgrade während der Prozesssimulation stark tordierten. Auch eine Einschränkung der Freiheitsgrade des *Spring-Elements* durch zusätzlich definierte Randbedingungen führte nicht zu dem gewünschten Erfolg. Ein *Axial-*

Konnektor hingegen ist in seinen Freiheitsgraden der Bewegung stärker eingeschränkt. Die Eigenschaften dieses Konnektors erlauben lediglich eine axiale Verschiebung des Start- und Endknotens der beiden verbundenen Körper auf seiner Mittelachse. Für die vollständige Definition eines *Axial-Konnektors* muss zudem eine sogenannte *Connector Section* angelegt werden, in der die Eigenschaften für die jeweilige spezifische Anbindung hinterlegt werden. Für die Modellierung der Verlagerung der Maschine in Arbeitsrichtung wurde für den *Axial-Konnektor* der in Kapitel 5.1.2 experimentell ermittelte Steifigkeitskennwert $c_Z = 26{,}94425$ kN/mm für die Definition der Federeigenschaft des Konnektors hinterlegt. [DASS14a]

Für die vier in radialer Richtung angebrachten Anbindungselemente zur Modellierung der Kippsteifigkeiten +/- c_{kA} beziehungsweise +/- c_{kB} in dem erweiterten FEM/BEM-Modell wurden Konnektoren mit Torsionseigenschaften verwendet. Hierzu wurden die in Abaqus implementierten *Revolute-Konnektoren* eingesetzt, welche lediglich eine Definition und somit Beschränkung der beiden rotatorischen Freiheitsgrade der Bewegung um die Verbindungsachse besitzen, siehe Bild 5.12. Die translatorischen Freiheitsgrade der Bewegung werden bei dieser Art von Anbindungselement nicht eingeschränkt. Der Versuch, die vier Kippsteifigkeiten des Maschinenmodells durch lediglich zwei ebenfalls in Abaqus implementierte *Universal-Konnektoren* abzubilden, führte nicht zum Erfolg. *Universal-Konnektoren* bieten die Möglichkeit jeweils zwei rotatorische Freiheitsgrade um zwei verschiedene Achsen zu definieren. Die Verwendung dieser Anbindungselemente resultierte in einer signifikanten Verringerung der Stabilität des erweiterten FEM/BEM-Modells, welche sich in einer hohen Schwingungsanfälligkeit des Kraftverlaufs und hohen Rechenzeiten äußerte. Zur vollständigen Definition der vier *Revolute-Konnektoren* wurde jeweils eine *Connector Section* erstellt und in dieser die Eigenschaften für die spezifische Anbindung festgelegt. Für die Modellierung der Maschinenverkippung wurden für jeden Konnektor der entsprechende in Kapitel 5.1.2 experimentell ermittelte Steifigkeitskennwert +/- c_{kA} beziehungsweise +/- c_{kB} als Drehsteifigkeit definiert. Zudem wurde über die *Failure*-Konfiguration die Drehsteifigkeit für die negative X-Achse deaktiviert. [DASS14a]

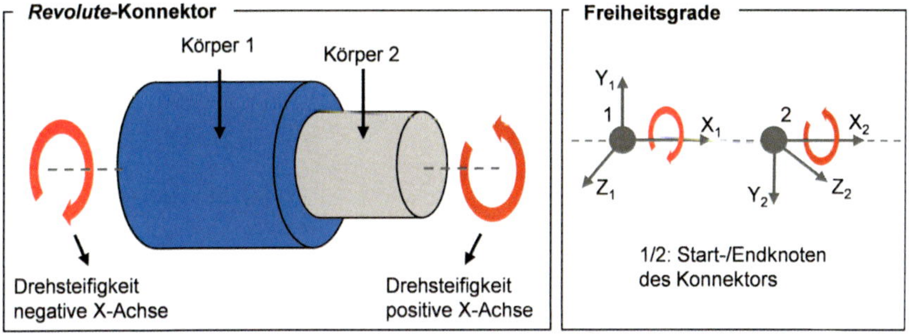

Bild 5.12: Funktionsweise des Abaqus Revolute-Konnektors [DASS14a]

Functionality of the Abaqus Revolute-Connector

Bei der Definition der Konnektoren ist es erforderlich, dem Start- und Endknoten der beiden zu verbindenden Körper eine Masse zuzuweisen. Im erweiterten FEM/BEM-Modell ist dies durch die Anbindung der Konnektoren an massenbehaftete Volumenkörper in Form der starren Platte und der Stößelanbindung erfolgt. Um die entsprechende Verbindung der Konnektoren mit den Modellkomponenten realisieren zu können, müssen an den vorgesehenen Verbindungspunkten sogenannte *Referenzpunkte* definiert werden. Zur Anbindung dieser an die Modellkomponenten werden die *Referenzpunkte* über eine Randbedingung vom Typ *Coupling* mit den Oberflächen der entsprechenden Modellkomponenten verbunden. Die Randbedingung vom Typ *Coupling* wird im folgenden Abschnitt detaillierter erläutert. [DASS14a]

5.2.2 Randbedingungen

Boundary conditions

Unter der Definition von Randbedingungen wird in Abaqus das Beschränken von Freiheitsgraden verstanden. So können Bewegungen von Modellkomponenten wie Verschiebungen und Rotationen begrenzt oder gänzlich verhindert werden. Für die Integration des elastischen Maschinenverhaltens in das erweiterte FEM/BEM-Modell erfolgte eine Anpassung beziehungsweise Erweiterung der in Kapitel 4.3.4 definierten Randbedingungen. Für die beiden neuen Modellkomponenten in Form der direkt mit dem Stempel verbundenen starren Platte sowie die über die fünf Konnektoren verbundene Stößelanbindung, müssen zusätzliche Randbedingungen festgelegt werden. Da es sich bei den beiden Komponenten um Starrkörper handelt, werden die Randbedingungen für die gesamten Komponenten repräsentativ an den jeweiligen *Referenzpunkten* definiert, siehe Bild 5.13.

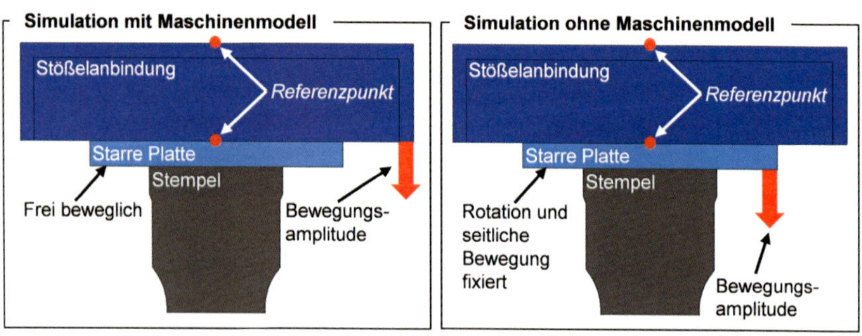

Bild 5.13: Definition der Randbedingungen für die Simulation mit und ohne Maschinenmodell

Definition of boundary conditions for simulation with and without machine model

Zur Abbildung der realen Prozesskinematik in dem erweiterten FEM/BEM-Modell wurde der Stempelwegverlauf erneut durch eine mittels diskreter Zeitpunkte definierter Bewegungsamplitude an der Stößelanbindung modelliert. Zusätzlich wurden alle weiteren Freiheitsgrade der Bewegung der starren Schale, wie Rotationen oder seitliche Bewegungen, fixiert. Hierdurch konnte die reale Bewegung des Querfließpressstempels während der Umformung sowie des Rückhubs aus der Matrize stabil in dem FEM/BEM-Modell abgebildet werden. Aufgrund der Realisierung des elastischen Maschinenverhaltens mittels elastischer Konnektoren müssen zusätzlich die Freiheitsgrade der Bewegung der direkt mit dem Stempel verbundenen starren Platte in den verschiedenen Simulationsschritten eingeschränkt werden. Bis zu dem Zeitpunkt, in dem der Stempel das Werkstück kontaktiert, und beim Rückhub des Stempels wurden alle Freiheitsgrade der Bewegung, bis auf die in senkrechter Achse, fixiert. Dies führt zu einer verbesserten Stabilität des Modells. Während des Umformvorgangs muss die starre Platte und der verbundene Stempel in allen rotatorischen Freiheitsgraden der Bewegung frei beweglich bleiben, um die aus den Prozesskräften resultierende Verkippung des Stempels abbilden zu können.

Die Untersuchung der Steigerung der Abbildungsgenauigkeit durch die Integration des analytischen Maschinenmodells in die Prozesssimulation erfolgt durch einen Abgleich zwischen experimentellen sowie numerischen Ergebnissen mit und ohne Maschinenmodell. Für das erweiterte FEM/BEM-Modell ohne Maschinenmodell wurde daher, wie zuvor in Kapitel 4.3.4, die Bewegungsamplitude des Stempelwegs für die direkt mit dem Stempel verbundene starre Platte definiert. Zudem wurden in diesem Fall alle weiteren Freiheitsgrade der Bewegung der starren Platte, wie Rotationen oder seitliche Bewegungen, fixiert. Diese angepasste Randbedingung stellt den einzigen Unterschied zu dem erweiterten FEM/BEM-Modell mit Maschinenmodell dar. Damit ist die absolute Vergleichbarkeit der beiden Modelle gegeben, da keine zusätzliche Beeinflussung der numerischen Ergebnisse, z.B. durch eine unterschiedliche Anzahl an Modellkomponenten, vorliegt.

Wie bereits in Kapitel 5.2.1 erläutert, ist es für die Verbindung von Modellkomponenten mittels Konnektoren erforderlich, an den entsprechenden Verbindungspunkten *Referenzpunkte* zu definieren. Die *Referenzpunkte* müssen anschließend mit einer Randbedingung vom Typ *Coupling* mit den Oberflächen der entsprechenden Modellkomponenten verbunden werden. Hierzu sind die drei verschiedenen in Abaqus implementierten *Coupling* Funktionen *Kinematic*, *Continuum*, und *Structural* verfügbar. Die Durchführung von Prozesssimulationen mit den drei Funktionen ergab, dass die numerischen Modelle keine signifikanten Unterschiede hinsichtlich der Stabilität aufweisen. Daher wurde für das erweiterte FEM/BEM-Modell die am einfachsten zu definierende Funktion *Kinematic Coupling* verwendet. [DASS14a]

5.2.3 Diskretisierung der Modellkomponenten

Discretization of the model components

Die örtliche Diskretisierung der einzelnen Modellkomponenten stellt den letzten Schritt der numerischen Modellbildung dar. Hierbei werden die Netzfeinheit und der Elementtyp definiert. Beide Parameter beeinflussen die Genauigkeit der Prozesssimulation signifikant. Die in Kapitel 4.3.5 definierte örtliche Diskretisierung, der bereits in dem FEM/BEM-Modell ohne Modellierung des elastischen Maschinenverhaltens enthaltenen Komponenten, wurde nicht verändert. Es war daher lediglich eine örtliche Diskretisierung der neuen Modellkomponenten erforderlich, welche nachfolgend beschrieben wird. Die Vernetzung erfolgte durch das *Mesh* Modul der FE-Software

Abaqus. [DASS14a] Da die beiden neuen Komponenten in Form der starren, quadratischen Platte und der Stößelanbindung nicht aktiv in elastisch-plastischen Kontaktbedingungen involviert sind, erfolgte eine überwiegend grobe Vernetzung im Vergleich zu der sehr feinen Vernetzung des Werkstücks oder der Matrizeneinsätze.

Die örtliche Diskretisierung der starren Platte wurde bezüglich ihrer Netzfeinheit an die des oberen Bereichs des Stempels angepasst. Hierdurch wird der Kontakt zwischen diesen beiden Modellkomponenten zum Zweck der Kraftübertragung auf den Stempel verbessert. Die starre Platte wurde mittels 31216 Tetraederelementen vom Typ C3D4 diskretisiert, siehe Bild 5.14. Da die Stößelanbindung keine direkten Kontaktbereiche zu anderen Modellkomponenten aufweist, ist für die örtliche Diskretisierung eine grobe Vernetzung ausreichend. Die Komponente hat im Modell lediglich die Funktion, die Stempelbewegung über die fünf angebrachten Konnektoren an die direkt mit dem Stempel verbundene starre Platte weiterzuleiten. Somit kann hier auf eine feinere Vernetzung verzichtet werden, wodurch der Rechenzeitbedarf gering gehalten wird. Die Stößelanbindung wurde daher mit 3375 Tetraederelementen ebenfalls vom Typ C3D4 diskretisiert.

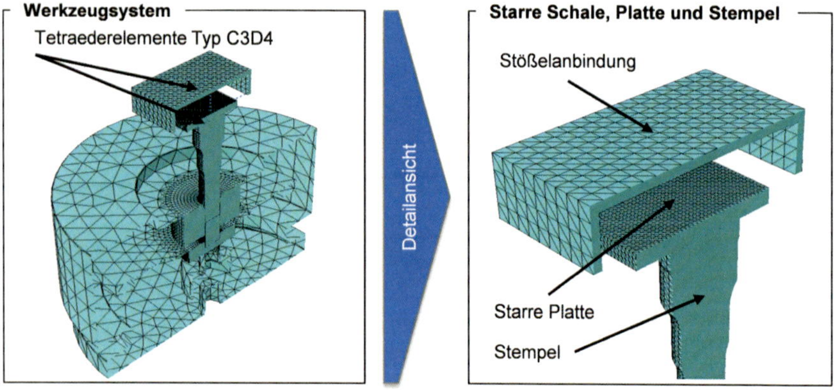

Bild 5.14: Vernetzung der beiden Modellkomponenten und zugehörige Elementtypen
Meshing of both model components and associated element types

5.2.4 Ableitung des FEM-Modells des Stauchprozesses

Derivation of the upsetting test FEM-model

Das zuvor beschriebene erweiterte FEM/BEM-Modell des Querfließpressprozesses mit Integration des analytischen Modells des quasistatischen Maschinenverhaltens diente weiterhin zur Ableitung eines zusätzlichen FEM-Modells. Dieses FEM-Modell bildet den in Kapitel 5.1.1 beschriebenen, experimentellen Versuchsaufbau zur Bestimmung der elastischen Steifigkeitskennwerte ab. Aufgrund des offenen Werkzeugsystems sowie der außermittigen Positionierung des Werkstücks kommt es bei dem Stauchprozess zu einer stärkeren elastischen Verkippung der Maschinen im Gegensatz zum Querfließpressprozess. Daher wurde zusätzlich zu dem erweiterten

FEM/BEM-Modell des Querfließpressprozesses auch das FEM-Modell des Stauchprozesses zwecks Nachweises der gesteigerten Abbildungsgenauigkeit durch die zusätzliche Modellierung des Maschinenverhaltens untersucht. Für die Stauchversuche zur Ermittlung der Kippsteifigkeiten wurden die Werkstücke außermittig im Stauchwerkzeug positioniert. Dabei wurde das Werkstück jeweils um 20 mm sowohl in positiver als auch in negativer Richtung verschoben. Exemplarisch wurde für das FEM-Modell des Stauchprozesses der Fall abgebildet, indem das Werkstück um $\Delta l_Z = 20$ mm in positiver Z-Richtung und somit auf der unteren Stauchplatte aus der Mittellage nach vorne verschoben wurde. Bei diesem Fall kam es zu einer signifikanten Verkippung der Maschine während des Stauchprozesses. Aus der elastischen Verkippung resultierte ein deutlicher Werkstückhöhenunterschied, welcher bei der anschließenden Vermessung der gestauchten Werkstücke festgestellt wurde.

Die Geometriemodellierung der Stößelanbindung sowie die Definition des *Axial*- und der *Revolute*-Konnektorelemente wurden von dem erweiterten FEM/BEM-Modell des Querfließpressprozesses identisch übernommen, siehe Bild 5.17. Im Gegensatz zu der Modellierung des Querfließpressprozesses dient nun die über die Konnektorelemente mit der Stößelanbindung verbundene starre Platte als Stauchplatte. Zusätzlich wurde eine zweite identische starre Platte zur Abbildung der unteren Stauchplatte modelliert. Das Werkstück wurde mit der entsprechenden Verschiebung um $\Delta l_Z = 20$ mm aus der Mittellage zwischen den beiden Stauchplatten positioniert.

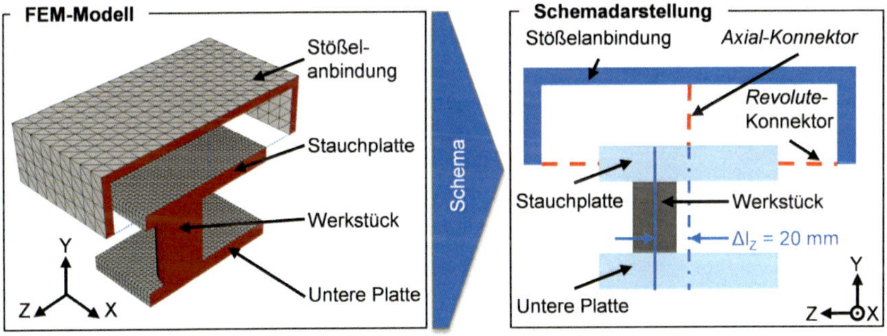

Bild 5.15: Geometrie des FEM-Modells und Schemadarstellung der Stößelanbindung

Geometry of the FEM-model and cut view of the ram linkage

Die Untersuchung der Erhöhung der Abbildungsgenauigkeit durch die Integration des analytischen Maschinenmodells in die Prozesssimulation erfolgt auch für den Stauchprozess durch einen Abgleich zwischen experimentellen sowie numerischen Ergebnissen mit und ohne Maschinenmodell. Daher wurden die Randbedingungen bezüglich der Bewegungsamplitude der oberen Stauchplatte für das FEM-Modell des Stauchprozesses mit und ohne Maschinenmodell analog zu der Definition aus Bild 5.13 in Kapitel 5.2.2 übernommen. Der definierte Stauchweg beträgt, wie auch in den durchgeführten Experimenten, $s = 24$ mm. Die untere Stauchplatte wurde in allen Freiheitsgraden der Bewegung fixiert, da sie in Realität fest auf dem Maschinentisch montiert ist. Da für das FEM-Modell des Stauchprozesses keine neuen Modellkomponenten generiert wurden, ist keine Veränderung der örtlichen Diskretisierung von Modellkomponenten erforderlich. Daher wurde die in Bild 5.14 definierte Vernetzung der Modellkomponenten Stößelanbindung und starre Platte aus dem erweiterten FEM/BEM-Modell des Querfließpressprozesses unverändert übernommen.

5.3 Untersuchung der Genauigkeitssteigerung durch Modellierung des Maschinenverhaltens

Examination of the accuracy increase by modeling the machine behavior

Zur Verifikation der zweiten Unterthese, welche eine Erhöhung der Abbildungsgenauigkeit durch die zusätzliche analytische Modellierung des elastischen, quasistatischen Maschinenverhaltens in der Prozesssimulation postuliert, werden die numerischen Ergebnisse der um das Maschinenmodell erweiterten Prozesssimulationsmodelle im nachfolgenden Abschnitt umfassend untersucht. Hierzu wurden zunächst die Effekte der integrierten Maschinenmodellierung anhand des FEM-Modells des zur Bestimmung der elastischen Steifigkeitskennwerte durchgeführten Stauchversuchs untersucht. Das offene Werkzeugsystem und die außermittige Werkstückpositionierung begünstigen ein Verkippen der Maschine und rufen somit stärkere Effekte bei der resultierenden Werkstückendgeometrie hervor. Die Untersuchung der Steigerung der Abbildungsgenauigkeit durch die erweiterte Modellierung erfolgte weiterhin durch einen Abgleich von numerischen Ergebnissen mit und ohne Maschinenmodell mit den in Kapitel 4.4 generierten experimentellen Versuchsdaten des Querfließpressprozesses. Um die Vergleichbarkeit zwischen den numerischen Ergebnissen mit und ohne Maschinenmodell sicherstellen zu können, basieren diese beiden Prozesssimulationen auf dem identischen, in Kapitel 5.2 detailliert beschriebenen erweiterten FEM/BEM-Modell des gesamten elastischen Werkzeugsystems. Somit sind alle neuen Modellkomponenten in beiden Prozesssimulationen enthalten. Während der experimentellen Durchführung des Querfließpressprozesses wurden verschiedene Prozessdaten während und nach dem Prozess erfasst. Analog zu dem Vorgehen in Kapitel 4.5 wurden die experimentellen sowie die numerischen Ergebnisse bezüglich des Verlaufs der Prozesskraft F_P über die Prozesszeit t_P, der radialen, elastischen Dehnung ε des unteren Matrizeneinsatzes über die Prozesszeit t_P und der Werkstückendgeometrie einander gegenübergestellt.

5.3.1 Untersuchung des FEM-Modells des Stauchprozesses

Examination of the upsetting test FEM model

Die Steigerung der Abbildungsgenauigkeit durch die Integration des elastischen Maschinenverhaltens in die Prozesssimulation wurde zunächst anhand des Vergleichs der experimentellen Ergebnisse sowie der numerischen Ergebnisse des FEM-Modells des Stauchprozesses mit und ohne Maschinenmodell untersucht. Zwecks Nachweises der Funktionalität des über Konnektorelemente direkt in die Prozesssimulation integrierten elastischen Maschinenmodells wurde zunächst die Rotation der oberen Stauchplatte ausgewertet. Diese repräsentiert die Verkippung des oberen Maschinenstößels während des Stauchprozesses. Bild 5.16 zeigt, dass am Ende des Stauchprozesses mit außermittiger Positionierung des Werkstücks nach vorne eine deutliche Verkippung der oberen Stauchplatte zu beobachten ist. Das Diagramm der Rotation der oberen Stauchplatte um die X-Achse ur_1 über die Prozesszeit t_P zeigt einen durchgängig negativen Verlauf. Das Minimum liegt bei ur_1 = -0,0111°. Die negative Rotation der oberen Stauchplatte um die X-Achse resultiert aus der Verschiebung des Werkstücks um 20 mm auf der positiven Z-Achse und bewirkt, dass die Werkstückendgeometrie vorne eine größere Werkstückhöhe als hinten aufweist.

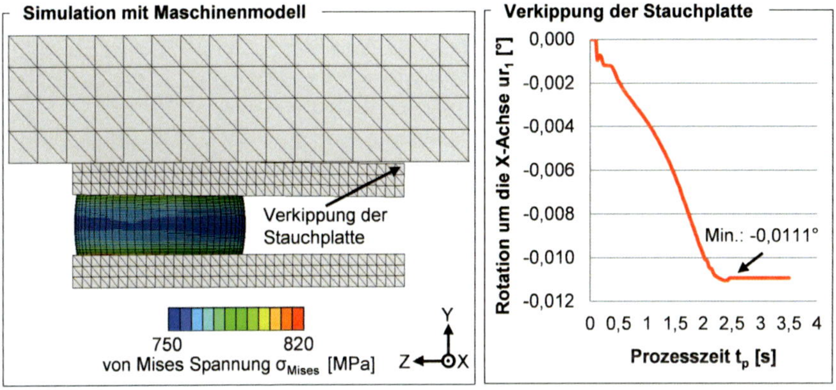

Bild 5.16: Ergebnis der Simulation mit Maschinenmodell und Verkippung der Stauchplatte

Result of the simulation with machine model and tilt of the upsetting plate

Für den Vergleich der experimentellen Ergebnisse mit den numerischen Ergebnissen des FEM-Modells des Stauchprozesses mit und ohne Maschinenmodell wurde zunächst die Werkstückendgeometrie aus dem experimentellen Stauchversuch mittels Mikrometerschraube vermessen. Die Vermessung sowie die Auswertung der numerischen Werkstückhöhen erfolgten an den in Bild 5.17 dargestellten Messpositionen.

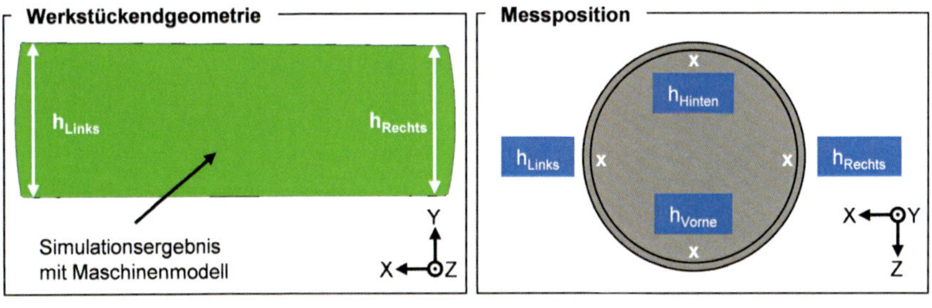

Bild 5.17: Messpositionen für den Höhenvergleich

Measuring positions for the height comparison

Die Balkendiagramme in Bild 5.18 zeigen den Vergleich zwischen Experiment und der FEM-Simulation des Stauchprozesses mit und ohne Maschinenmodell und dienen somit der Untersuchung der Genauigkeitssteigerung bezüglich der numerisch berechneten Werkstückhöhe durch die zusätzliche Modellierung des Maschinenverhaltens. Es zeigt sich, dass aus der Verkippung der Maschine während des experimentellen Stauchprozesses eine signifikante Differenz der Werkstückhöhe zwischen der vorderen und der hinteren Messposition resultiert. Der Unterschied zwischen diesen beiden Höhenwerten beträgt $\Delta h_{Vorne\text{-}Hinten} = 0{,}482$ mm. Die numerischen Ergebnisse der Simulation ohne Maschinenmodell bilden hingegen die Werkstückhöhe an allen vier untersuchten Messpositionen identisch ab. Die im Experiment beobachtete asymmetrische Werkstückendgeometrie wird somit von diesem FEM-Modell nicht korrekt abgebildet. Durch die Integration des analytischen Maschinenmodells direkt in die Prozesssimulation mittels der gewählten Konnektorelemente wird die Asymmetrie der Werkstückhöhe jedoch sehr genau abgebildet. Auch hier lässt sich die deutliche Differenz zwischen den Werkstückhöhen h_{Vorne} sowie h_{Hinten} beobachten.

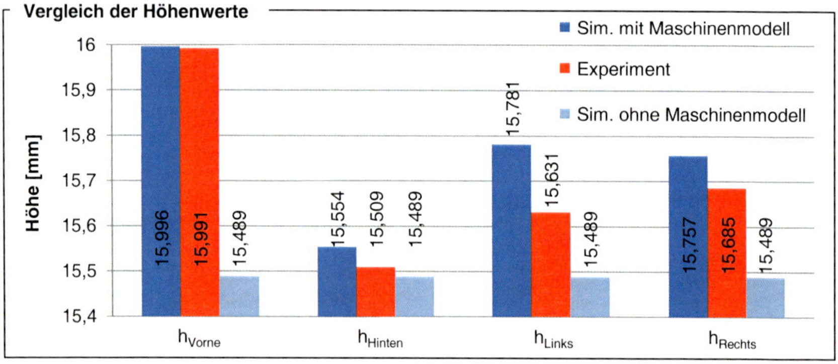

Bild 5.18: Untersuchung der Genauigkeitssteigerung anhand des Vergleichs der Werkstückhöhenwerte

Examination of the precision improvement based on the comparison of workpiece height values

Alle Höhenwerte des Experiments sowie der FEM-Simulation des Stauchprozesses mit und ohne Maschinenmodell an den vier Messpositionen sind in Tabelle 5.2 zusammengefasst. Zusätzlich wurden die prozentualen Abweichungen zwischen den numerischen Ergebnissen zu den entsprechenden experimentellen Werten berechnet. Die maximale Abweichung für das FEM-Modell des Stauchprozesses mit Maschinenmodell beträgt 0,951 % wohingegen sie für die Simulation ohne Maschineneinfluss bei 3,241 % liegt. Weiterhin wird die Asymmetrie der Werkstückhöhe lediglich durch die Simulation mit Maschinenmodell abgebildet. Diese Eigenschaft und der Vergleich der prozentualen Abweichungen an allen vier Messpositionen belegen eindeutig die Steigerung der Abbildungsgenauigkeit durch die zusätzliche Modellierung des elastischen Maschinenverhaltens in der Prozesssimulation des Stauchprozesses mittels der verwendeten Konnektorelemente. Nachfolgend wird die Steigerung der

Abbildungsgenauigkeit durch Integration des analytischen Maschinenmodells in die dreidimensionale FEM/BEM-Simulation des Querfließpressprozesses untersucht. Aufgrund der geschlossenen Werkzeuggeometrie wird allerdings ein geringerer Effekt der Maschinenverkippung bei diesem Prozess erwartet.

Tabelle 5.2: Vergleich der experimentellen und simulierten Werkstückendgeometrie
Comparison of experimental and simulated final workpiece dimensions

	Exp. [mm]	Sim. mit Maschinenmodell [mm]	Abw. [%]	Sim. o. Maschinenmodell [mm]	Abw. [%]
h_{Vorne}	15,991	15,996	-0,031	15,489	3,241
h_{Hinten}	15,509	15,554	-0,289	15,489	0,129
h_{Links}	15,631	15,781	-0,951	15,489	0,916
h_{Rechts}	15,685	15,757	-0,457	15,489	1,265

5.3.2 Vergleich des Prozesskraftverlaufs des Querfließpressprozesses

Comparison of the process force characteristic for the lateral extrusion process

Die Untersuchung der Genauigkeitssteigerung durch die um das elastische Maschinenverhalten erweiterte Modellierung des Querfließpressprozesses erfolgte zunächst anhand der Gegenüberstellung der numerisch ermittelten Prozesskraftverläufe F_P (t_P) mit und ohne Maschinenmodell. Der Vergleich zwischen dem experimentellen und den numerisch berechneten Prozesskräften der beiden verschiedenen Simulationsmodelle ist in Bild 5.19 dargestellt.

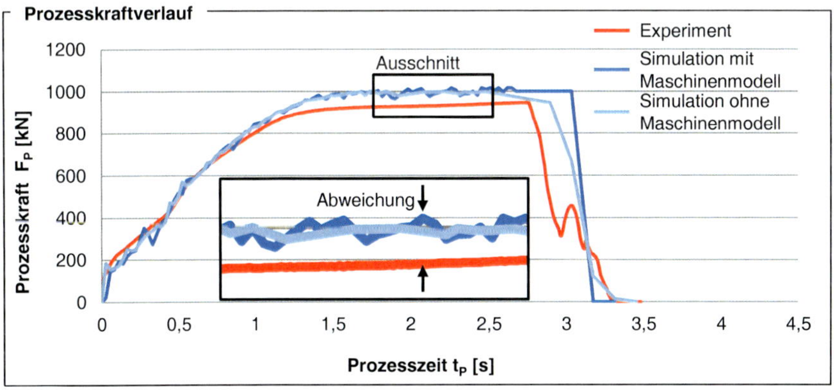

Bild 5.19: Vergleich der Prozesskraftverläufe
Comparison of the process force characteristic

Wie in Kapitel 4.5.1 wird erneut eine sehr gute Übereinstimmung beider numerischer Kraftverläufe mit dem Experiment über die gesamte Prozesszeit erreicht. Die beiden numerisch ermittelten Kraftverläufe stimmen bis zum Ende der Abwärtsbewegung des Stempels nahezu identisch überein. Erst während des Rückhubs des Stempels sind Unterschiede zwischen den Verläufen erkennbar. Die Prozesskraft des erweiterten FEM/BEM-Modells mit Maschineneinfluss bleibt zunächst auf dem am Ende des Pressvorgangs erreichten Wert, wohingegen die Prozesskraft in der Simulation ohne Maschinenmodell sofort abfällt. Dieser Effekt liegt darin begründet, dass der zur Modellierung der Steifigkeit in Arbeitsrichtung verwendete *Axial-Konnektor* während des Querfließpressprozesses durch die Prozesskraft zunächst gestaucht wird. Bei dem Rückhub des Stempels stellt sich erst eine verringerte Prozesskraft ein, wenn der Konnektor wieder vollständig relaxiert ist. Bei den absoluten Werten der Prozesskraft beider numerischer Modelle lassen sich Abweichungen gegenüber den experimentellen Kraftwerten beobachten. Für die numerisch bestimmte maximale Prozesskraft des erweiterten FEM/BEM-Modells ohne Maschineneinfluss F_{Pmax} = 999,9 kN ergibt sich eine Abweichung von 5,29 % bezogen auf den maximalen Kraftwert des Experiments F_{Pmax} = 947 kN. Der Wert der maximalen Prozesskraft des erweiterten FEM/BEM-Modells mit Modellierung des elastischen Maschinenverhaltens F_{Pmax} = 1016 kN hat mit 6,79 % bezogen auf den oben genannten maximalen, experimentellen Kraftwert eine geringfügig größere Abweichung. Die im Vergleich zum FEM/BEM-Modell ohne Maschinenmodell geringfügig höhere maximale Prozesskraft ergibt sich zum einen, da der *Axial-Konnektor*, welcher in dem erweiterten FEM/BEM-Modell mit elastischem Maschinenverhalten die Verlagerung in Arbeitsrichtung modelliert, während des Querfließpressprozesses zunächst gestaucht werden muss. Zum anderen resultieren aus dem Einsatz der Konnektoren zur Kraftübertragung auf den Stempel Schwingungen während der Prozesssimulation. Diese Schwingungen führen zu den im Prozesskraftverlauf beobachtbaren Schwankungen. Hieraus folgt die geringfügig höhere Abweichung des maximalen Kraftwerts gegenüber dem Experiment im Vergleich zur Prozesssimulation ohne Maschinenmodell.

Zusammenfassend lässt sich feststellen, dass die Modellierung des Querfließpressprozesses mit dem erweiterten FEM/BEM-Modell mit Maschinenmodell eine genaue Abbildung der Realität bezüglich des Prozesskraftverlaufs ermöglicht. Allerdings ließ sich bezüglich des Prozesskraftverlaufs keine Genauigkeitssteigerung durch die erweiterte Modellierung mit elastischem Maschinenverhalten gegenüber der Simulation ohne Maschinenmodell nachweisen. Die Untersuchungen zeigen allerdings, dass die Verwendung des *Axial-Konnektors* zu einer validen und stabilen Modellierung der Verlagerung der Maschine in Arbeitsrichtung geführt hat, ohne den numerisch berechneten Prozesskraftverlauf signifikant zu beeinflussen. Neben dem Vergleich des Prozesskraftverlaufs ist auch der Vergleich der radialen, elastischen Werkzeugdehnung geeignet, die gesteigerte Abbildungsgenauigkeit durch das erweiterte FEM/BEM-Modell mit Maschinenmodell sowie die Stabilität des Modells zu untersuchen.

5.3.3 Vergleich der radialen, elastischen Werkzeugdehnung des Querfließpressprozesses

Comparison of the radial elastic tool strain for the lateral extrusion process

Ein Schwerpunkt dieser Arbeit besteht in der präzisen numerischen Vorhersage der mechanischen Werkzeugbelastungen, welche während des Querfließpressprozesses zu einer elastischen Dehnung der Werkzeuge führen. Daher erfolgte zur Untersuchung der Genauigkeitssteigerung durch die erweiterte Modellierung auch ein Vergleich der experimentell gemessenen radialen Werkzeugdehnungen aus Kapitel 4.4.4 mit den numerischen Ergebnissen. Im Gegensatz zu den in Kapitel 4.3 beschriebenen Prozesssimulationen modelliert das hier untersuchte erweiterte FEM/BEM-Modell mit elastischem Maschinenverhalten auch das asymmetrische Verhalten, welches aus der Verlagerung und Kippung des Maschinenstößels resultiert. Daher erfolgte der Vergleich in den in Bild 5.20 gezeigten Diagrammen abweichend zu der Validierung in Kapitel 4.5.1 an mehreren Messpositionen.

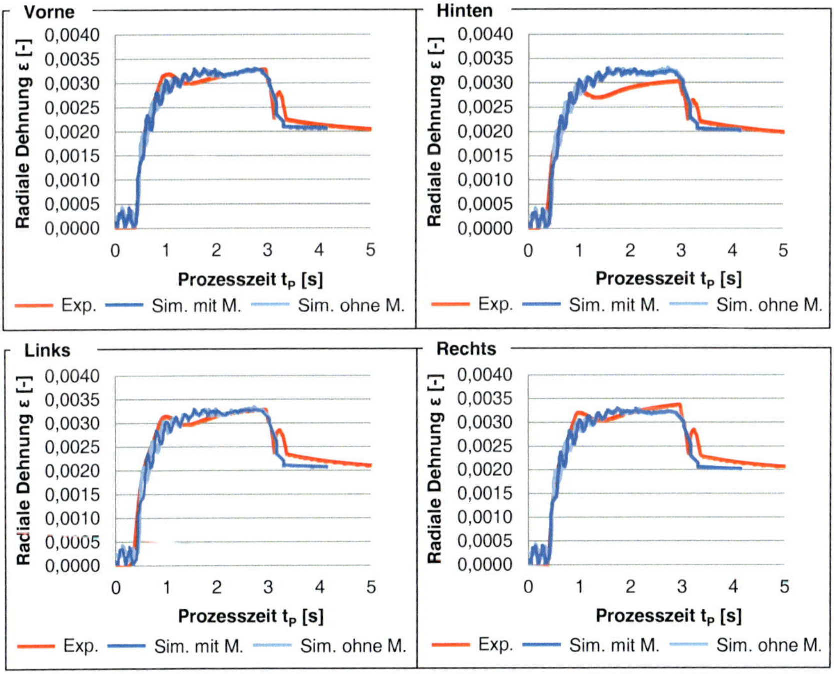

Bild 5.20: Vergleich der radialen, elastischen Dehnungen zwischen Experiment sowie Simulation mit und ohne Maschinenmodell

Comparison of radial elastic strains between experiment as well as simulation with and without machine model

Die experimentell ermittelten sowie die numerisch berechneten Dehnungswerte am unteren Matrizeneinsatz wurden jeweils für die verschiedenen Messpositionen gemäß der Definition in Bild 4.13 vorne, hinten, links und rechts gegenübergestellt. Die radiale, elastische Dehnung der Untermatrize wurde in den beiden erweiterten FEM/BEM-Modellen an jeweils vier Knotenpunkten ermittelt, welche bezüglich ihrer Position identisch zu den Positionen der Dehnungsmessstreifen im Experiment waren, siehe Bild 4.10. Da der numerische Dehnungsverlauf Schwankungen aufwies, wurde er für die Darstellung in den Diagrammen mit einem gleitenden Mittelwert zweiter Ordnung geglättet. Die Diagramme der Dehnungsverläufe wurden bei der Prozesszeit $t_P = 5$ s abgeschnitten, da bereits zuvor ein konstanter Dehnungswert erreicht wird, der sich aufgrund der elastischen Rückfederung des im Werkzeug verbleibenden Werkstücks einstellt. Die numerischen Ergebnisse beider Prozesssimulationen zeigen eine sehr gute Übereinstimmung mit den experimentellen Werten. Es lässt sich feststellen, dass die absoluten numerischen Werte sowohl bei dem erweiterten FEM/BEM-Modell mit als auch bei dem Modell ohne Maschinenmodell an allen vier Messpositionen nahezu identisch sind. Der Vergleich der numerischen Dehnungsverläufe mit den experimentellen Ergebnissen zeigt eine außerordentlich hohe Übereinstimmung an den Messpositionen vorne und links. An der Messposition rechts lässt sich eine geringe Abweichung der Verläufe beobachten. Der experimentelle Dehnungswert ist hier höher als beide numerisch ermittelten, elastischen Dehnungen. An der hinteren Messposition lässt sich der umgekehrte Effekt identifizieren. Hier ist der experimentelle Wert geringer als die durch die beiden Prozesssimulationen bestimmten Werte. Es lässt sich folgern, dass die Abweichungen gegenüber dem Experiment für beide numerischen Modelle annähernd identisch und somit unabhängig von der Modellierung des elastischen Maschinenverhaltens sind. Ein Erklärungsansatz für die beobachteten Abweichungen zwischen Simulation und Experiment an den Messpositionen rechts und hinten besteht darin, dass bei beiden numerischen Modellen aufgrund des gewählten Vorgehens eine Auswertung der elastischen radialen Dehnung an exakt gleichen Positionen erfolgt ist. Die Unterschiede zum Experiment an den beiden Messpositionen resultieren möglicherweise aus einem geringen Versatz der einzelnen DMS Positionen bezüglich Ihres Abstandes zum Mittelpunkt des unteren Matrizeneinsatzes im Experiment, welcher der manuellen Anbringung der DMS geschuldet ist. Aufgrund der sehr hohen Auflösung der experimentellen Dehnungsmessung wird dieser Unterschied in den Diagrammen beobachtbar.

Als Fazit lässt sich feststellen, dass mit dem erweiterten FEM/BEM-Modell mit Maschinenmodell eine sehr genaue Abbildung der Realität bezüglich der radialen, elastischen Dehnung des unteren Matrizeneinsatzes erzielt wird. Somit zeigen die Untersuchungen, dass mit den verwendeten Konnektoren eine valide und stabile Abbildung der radialen, elastischen Werkzeugdehnungen erreicht wird. Der beobachtbare Unterschied zwischen den beiden erweiterten FEM/BEM-Modellen mit und ohne Maschinenmodell ist jedoch minimal. Die erwartete Steigerung der Abbildungsgenauigkeit bezüglich der elastischen Dehnung in den vier verschiedenen Messpositionen konnte somit bei dem hier erforschten Anwendungsbeispiel des Querfließpressprozesses nicht nachgewiesen werden. Dies liegt vermutlich darin begründet, dass die

Größenordnung der Dehnungsdifferenz zu gering ist, um sie in dem erweiterten FEM/BEM-Modell mit Modellierung des elastischen Maschinenverhaltens abbilden zu können. Die Beeinflussung des Prozesses durch die mittels Verkippung des Stößels eingebrachte Asymmetrie ist in dem hier erforschten Querfließpressprozess geringer als die Abbildungsgenauigkeit der numerischen Dehnungsverläufe. Gründe hierfür liegen unter anderem in der Symmetrie des Werkstücks sowie der geschlossenen Werkzeugkavität des Querfließpressprozesses, welche nur eine geringe Verkippung des Stempels durch die Führung in der Obermatrize zulässt. Da allerdings bereits geringe Stempelverkippungen zu einer asymmetrischen Werkstückgeometrie führen können, werden die Effekte der zusätzlichen Modellierung des Maschinenverhaltens auf die Werkstückendgeometrie nachfolgend untersucht.

5.3.4 Vergleich der resultierenden Werkstückendgeometrie des Querfließpressprozesses

Comparison of the final workpiece geometry for the lateral extrusion process

Die während eines Prozesses auftretenden mechanischen Werkzeugbelastungen und die hieraus resultierenden elastischen Werkzeugdehnungen sowie die asymmetrische Maschinenverkippung können zu Abweichungen der Werkstückendgeometrie vom Sollwert führen. Daher wurde zur Untersuchung der Genauigkeitssteigerung durch die erweiterte Modellierung ebenfalls ein Abgleich zwischen dem arithmetischen Mittelwert der experimentell und der numerisch ermittelten geometrischen Kenngrößen durchgeführt. Die verwendeten Messpositionen für die verschiedenen Durchmesser- und Höhenvergleiche sind in Bild 5.21 dargestellt.

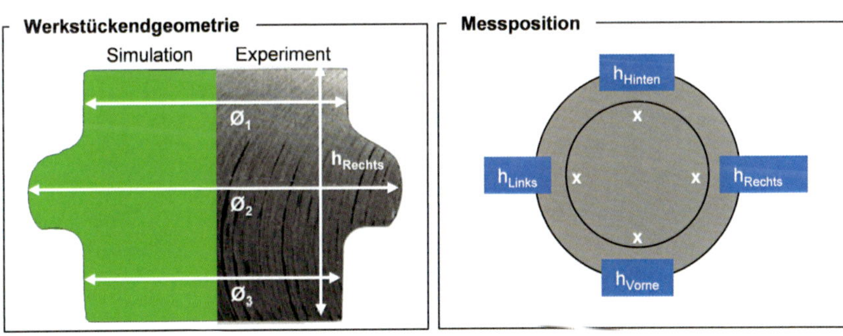

Bild 5.21: Messpositionen für die Durchmesser- und Höhenvergleich

Measuring positions for die diameter and height comparison

Mit dem Ziel, die Abbildungsgenauigkeit für den Geometrievergleich zu steigern, wurden die im Experiment erzeugten Werkstücke nicht wie in Kapitel 4.5.1 mittels manueller Messung der Gesamtwerkstückhöhe h mit einem Messschieber und der Durchmesser $Ø_1$ und $Ø_2$ mit einer Mikrometerschraube sondern mit einem Koordinatenmessgerät automatisiert vermessen. Das verwendete 3D-Koordinatenmessgerät vom Typ PRISMO navigator mit VAST Messkopf der Firma Zeiss besitzt eine Messunsicherheit von 2,5 µm. Durch dieses genauere Messverfahren war es möglich, auch geringe Unterschiede in der Werkstückendgeometrie beobachtbar zu machen. Zusätzlich zu der Messung des oberen Schaftdurchmessers $Ø_1$ sowie des Kragendurchmessers $Ø_2$ wurden, in Analogie zu Kapitel 4.5.1, auch der untere Schaftdurchmesser $Ø_3$ und die Werkstückhöhe an den Messpositionen h_{Vorne}, h_{Hinten}, h_{Links} und h_{Rechts} mit dem Koordinatenmessgerät ermittelt. Bei der Messung der experimentellen Werkstückdurchmesser wurde zur messtechnischen Bestimmung des mittleren Durchmessers ein Gaußfilter auf die generierten Messdaten des Werkstückumfangs angewendet. Die Ergebnisse der Vermessung der experimentellen Werkstückendgeometrie sind in Tabelle 5.3 zusammengefasst.

Tabelle 5.3: Mittels Koordinatenmessgerät ermittelte Werte der Werkstückendgeometrie
Final workpiece geometry determined using coordinate measuring machine

$Ø_1$ [mm]	**$Ø_2$ [mm]**	**$Ø_3$ [mm]**	**h_{Vorne} [mm]**	**h_{Hinten} [mm]**	**h_{Rechts} [mm]**	**h_{Links} [mm]**
30,2438	44,0080	30,1575	28,4962	28,4151	28,4583	28,4530

Im Vergleich zu der in Kapitel 4.5.1 beschriebenen, manuellen Vermessung der Werkstückendgeometrie ergaben sich zusätzliche Erkenntnisse. Der Wert des oberen Schaftdurchmessers $Ø_1$ wurde durch beide Messverfahren nahezu identisch bestimmt. Allerdings ließ sich durch die zusätzliche Messung des unteren Schaftdurchmessers $Ø_3$ beobachten, dass dieser nicht mit dem Wert des oberen Schaftdurchmessers $Ø_1$ übereinstimmt. Das lässt aufgrund des gleichen Innendurchmessers der Ober- und Untermatrize darauf schließen, dass diese beiden eine unterschiedliche elastische Dehnung während des Prozesses erfahren. Die Vermessung der Werkstückhöhe an den vier verschiedenen Messpositionen zeigte, dass die Werkstückendgeometrie eine asymmetrische Höhenverteilung aufweist. Das aus dem untersuchten Querfließpressprozess resultierende Werkstück ist an seiner vorderen Position höher als an der hinteren. Zudem ist es auf der rechten minimal höher als auf der linken Messposition. Bei der manuellen Messung mit dem Messschieber konnte aufgrund des Messprinzips und der Länge der Außenmessschenkel lediglich der maximale Wert der Werkstückhöhe erfasst werden, welcher sich an der vorderen Messposition befindet. Die asymmetrische Höhenverteilung der Werkstückendgeometrie lässt auf eine geringe Verkippung des Maschinenstößels schließen.

Bei der Ermittlung der numerisch berechneten Geometriewerte wurde im Vergleich zu der in Kapitel 4.5.1 gewählten Vorgehensweise ebenfalls die Abbildungsgenauigkeit erhöht, um die erwartete asymmetrische Höhenverteilung beobachtbar und somit analysierbar machen zu können. Anstelle der einfachen Messung des Abstands zwischen zwei einzelnen Knoten auf der Werkstückoberfläche zur Bestimmung der Durchmesser- und Höhenwerte, wie in Kapitel 4.5.1 durchgeführt, wurden für den folgenden Geometrievergleich die Raumkoordinaten von Knotenpfaden auf der Oberfläche des Werkstücks im Abaqus *Postprocessing* ermittelt, siehe Bild 5.22. Anhand der Oberflächenkoordinaten der numerisch berechneten Werkstückendgeometrien aus den beiden erweiterten FEM/BEM-Modellen mit und ohne Maschinenmodell wurden anschließend die mittleren Durchmesser oben, mittig und unten sowie der Werkstückhöhenverlauf von vorne nach hinten und links nach rechts bestimmt.

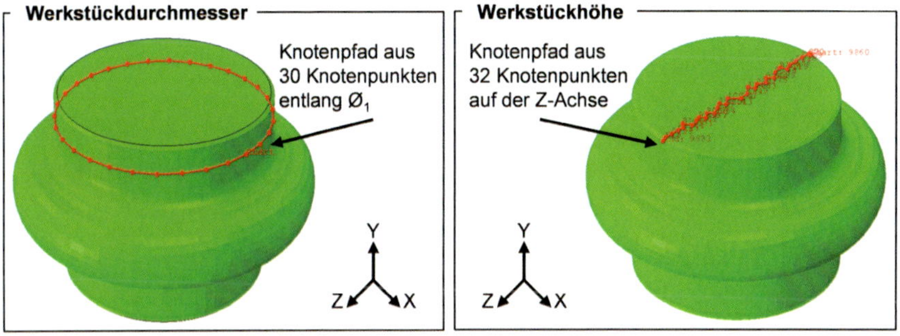

Bild 5.22: Knotenpfade auf der Oberfläche des Werkstücks für die Durchmesser- und Höhenermittlung

Node paths on the workpiece surface for the diameter and height determination

Ermittlung der numerisch berechneten Werkstückdurchmesser

Für die Bestimmung der numerisch berechneten Werkstückdurchmesser $Ø_1$, $Ø_2$ und $Ø_3$ wurde jeweils, mittels Definition von drei in der entsprechenden Auswertungsebene auf dem Umfang der Werkstückoberfläche liegenden Knotenpunkten, der Auswertungspfad für die Oberflächenkoordinaten eindeutig bestimmt. Die Anzahl der zu berücksichtigenden Knotenpunkte über dem Umfang wurde auf 30 Oberflächenknoten festgelegt. Anschließend wurden die X- und Z-Koordinaten der jeweils 30 auf dem auszuwertenden Umfang liegenden Knotenpunkte über im Abaqus *Postprocessing* implementierte Funktionen ausgelesen. Die so gewonnenen Knotenkoordinaten der beiden Schaft- und des Kragendurchmessers ($Ø_1$, $Ø_2$ und $Ø_3$), gemäß Definition in Bild 5.21, wurden zur Auswertung in die Software Microsoft Excel übertragen.

Die Diagramme in Bild 5.23 zeigen die Knotenkoordinaten auf dem Umfang der numerisch berechneten Werkstückdurchmesser im Vergleich zum experimentell bestimmten Umfangsverlauf. Zur Darstellung des experimentellen Umfangsverlaufs wurden die Koordinaten von 30 Punkten auf dem jeweiligen Umfang auf Basis der in Tabelle 5.3 zusammengefassten, mittleren experimentellen Durchmesserwerten durch die Kreisgleichung berechnet. Der grafische Vergleich der Umfangsverläufe bezüglich der Schaftdurchmesser $Ø_1$ und $Ø_3$ zeigt keine signifikanten Abweichungen zwischen den Werten der beiden erweiterten FEM/BEM-Modelle mit und ohne Maschinenmodell. Für den oberen Schaftdurchmesser $Ø_1$ ist ein minimaler Unterschied zwischen den simulierten Durchmessern und dem Experiment beobachtbar. Die beiden numerisch berechneten Durchmesser sind geringfügig kleiner als der experimentell bestimmte. Bei dem unteren Schaftdurchmesser $Ø_3$ ist im Diagramm keine Abweichung zwischen Simulation und Experiment feststellbar. Hier liegen die drei Umfangsverläufe des Schaftdurchmessers nahezu exakt übereinander.

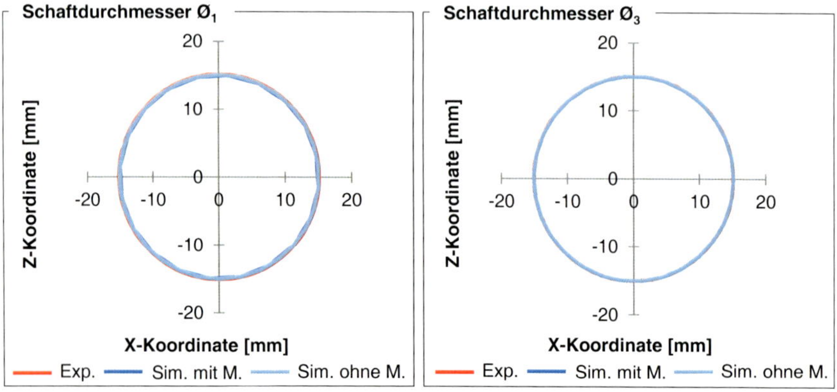

Bild 5.23: Vergleich der Schaftdurchmesser anhand der Knotenkoordinaten

Comparison of the shaft diameters based on node coordinates

Der grafische Vergleich der Umfangsverläufe bezüglich des Kragendurchmessers $Ø_2$ in Bild 5.24 zeigt wiederum keine signifikante Abweichung zwischen den Werten der beiden erweiterten FEM/BEM-Modelle mit und ohne Maschinenmodell. Allerdings ist ein im Vergleich zu den beiden Schaftdurchmessern $Ø_1$ und $Ø_3$ deutlicherer Unterschied zwischen Simulation und Experiment beobachtbar. Beide numerisch berechneten Durchmesser sind geringer als der experimentelle Wert. Somit unterschätzte an dieser Messposition die Simulation das Experiment in beiden Fällen. Dies liegt vermutlich an der erhöhten Komplexität der korrekten numerischen Abbildung des in diesem Bereich vorliegenden, freien Werkstoffflusses in die offene Werkzeugkavität.

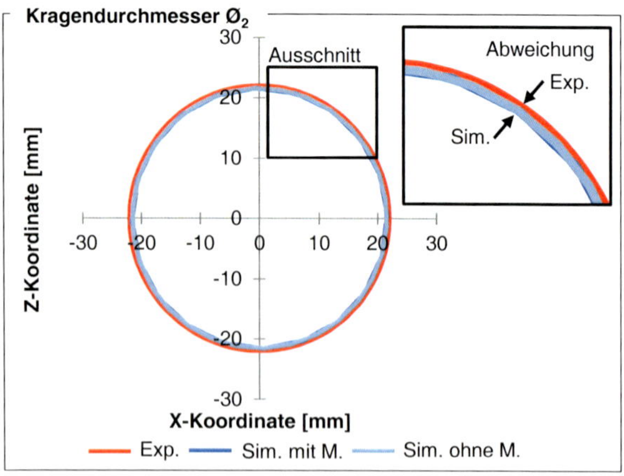

Bild 5.24: Vergleich der Kragendurchmesser anhand der Knotenkoordinaten

Comparison of the collar diameters based on node coordinates

Um die numerisch berechneten Werkstückendgeometrien der erweiterten FEM/BEM-Modelle mit und ohne Maschinenmodell direkt mit dem experimentell ermittelten Wert vergleichen und somit skalare Werte für die Abweichungen auswerten zu können, ist die Berechnung eines expliziten Werts für die numerischen, mittleren Durchmesser an allen drei Messpositionen erforderlich. Für die Bestimmung eines skalaren Durchmesserwerts aus den Knotenkoordinaten der Umfangsverläufe wurde ein Skript in der Software MATLAB erstellt und auf die numerisch ermittelten Messwerte angewendet. Ausgangspunkt für die Auswertungsmethoden sind jeweils die 30 Knotenkoordinatenpaare an den drei Messpositionen der Werkstückdurchmesser $Ø_1$, $Ø_2$ und $Ø_3$. Das Skript beginnt bei dem ersten Knotenpunkt und berechnet die Sekantenlängen zu allen 29 verbleibenden Knotenpunkten. Die maximale Sekantenlänge wird anschließend in einem Vektor gespeichert. Dieses Vorgehen wird für alle weiteren Knotenpunkte wiederholt. Es liegt somit am Ende ein Vektor mit 30 Einträgen der jeweils maximalen Sekantenlänge vor. Aus diesem Vektor wurde ein skalarer Wert für den mittleren Durchmesser berechnet. Für den Geometrievergleich wurde der mittlere Durchmesser herangezogen, da dieser auch an den im Experiment erzeugten Werkstücken mittels Koordinatenmessgerät und Gaußfilterung der Messwerte bestimmt wurde. Die Balkendiagramme in Bild 5.25 zeigen den Vergleich zur Untersuchung der Genauigkeitssteigerung bezüglich der resultierenden Werkstückendgeometrie anhand der Werkstückdurchmesser $Ø_1$, $Ø_2$ und $Ø_3$.

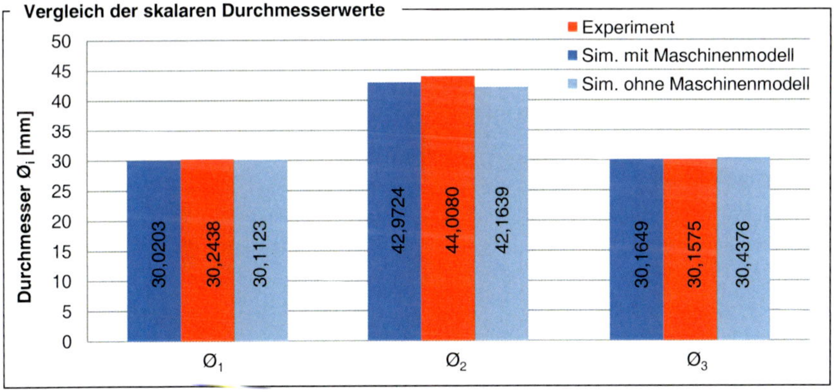

Bild 5.25: Untersuchung der Genauigkeitssteigerung anhand des Vergleichs der skalaren Werkstückdurchmesser

Examination of the precision improvement based on the comparison of scalar workpiece diameter

Wie bereits bei den grafischen Vergleichen der Umfangsverläufe beobachtet werden konnte, lassen sich teilweise nur geringfügige Unterschiede zwischen den skalaren Werten der beiden erweiterten FEM/BEM-Modelle mit und ohne Maschinenmodell nachweisen. Somit liegen auch die Abweichungen zwischen Simulation und Experiment zum Teil nah beieinander. Der Vergleich der skalaren mittleren Durchmesserwerte der beiden erweiterten FEM/BEM-Modelle mit und ohne Maschinenmodell mit dem des Experiments zeigt eine sehr gute Übereinstimmung, insbesondere für die beiden Schaftdurchmesser. Bei dem Schaftdurchmesser $Ø_1$ liegt die Abweichung der Simulation mit Maschinenmodell zum Experiment bei 0,744 % und die der Simulation ohne Maschinenmodell bei 0,437 %. Für den Schaftdurchmesser $Ø_3$ ergeben sich Abweichungen der Simulation mit und ohne Maschinenmodell zum Experiment von -0,025 % beziehungsweise -0,920 %. Der Kragendurchmesser $Ø_2$ wird durch die beiden numerischen Modelle geringfügig kleiner abgebildet (Abweichung Simulation mit Maschinenmodell: 2,410 %, Abweichung Simulation ohne Maschinenmodell: 4,374 %).

Insgesamt lässt sich daher feststellen, dass insbesondere mit dem erweiterten FEM/BEM-Modell mit Maschinenmodell eine sehr genaue Abbildung der Realität bezüglich der Werkstückdurchmesser erzielt wird. Somit führen die verwendeten Konnektoren bezüglich der Abbildung des Durchmessers ebenfalls zu einer stabilen und validen Modellierung. Der beobachtbare Unterschied zwischen den beiden erweiterten FEM/BEM-Modellen mit und ohne Maschinenmodell ist allerdings teilweise gering und nicht eindeutig. Die erwartete Steigerung der Abbildungsgenauigkeit bezüglich der Werkstückendgeometrie konnte für den hier modellierten Querfließpressprozess daher nicht zweifelsfrei nachgewiesen werden. Die Gründe hierzu sind identisch zu den im vorherigen Abschnitt beschriebenen Faktoren bezüglich der radialen, elastischen Werkzeugdehnung. Diese hat einen direkten Effekt auf die Werkstückenddurchmesser und hier konnte keine signifikante Genauigkeitssteigerung ermittelt werden. Dies liegt vermutlich in der Symmetrie des Werkstücks und der geschlossenen Werkzeugkavität des Querfließpressprozesses begründet. Es lässt sich zusätzlich feststellen, dass die Werte der Werkstückendgeometrie des oberen und unteren Schaftdurchmessers $Ø_1$ und $Ø_3$ Abweichungen gegenüber dem, durch den oben und unten identischen Matrizeninnendurchmesser definierten, Sollwert von 30 mm aufweisen. Diese Abweichungen resultieren zum einen aus der elastischen Rückfederung des Werkstückmaterials nach dem Auswerfen aus dem Werkzeug und zum anderen aus der elastischen Dehnung der Matrizeninnenkontur. Die Kompensation des zweiten Effekts ist ein Aspekt der Untersuchungen des anschließenden Kapitels.

Ermittlung der numerisch berechneten Werkstückhöhe

Zwecks Ermittlung der numerisch berechneten Werkstückhöhe wurden zur Abbildung der Höhenverläufe ebenfalls Knotenpfade auf der Oberfläche des Werkstücks definiert. Nachfolgend wurde anhand der Raumkoordinaten der einzelnen Knotenpunkte der Werkstückhöhenverlauf von hinten nach vorne sowie von links nach rechts für die beiden erweiterten FEM/BEM-Modelle mit und ohne Maschinenmodell bestimmt. Hierzu wurde im Abaqus *Postprocessing* auf der Ober- sowie Unterseite des Werkstücks manuell ein Pfad von jeweils allen 32 (von hinten nach vorne) beziehungsweise 27 (von links nach rechts) Knotenpunkten entlang der Z-Achse und der X-Achse erstellt. Für jeden einzelnen Knotenpunkt wurde die zugehörige Y-Koordinate ausgelesen. Zur Berechnung der beiden Höhenverläufe wurde anschließend die Differenz der Y-Koordinaten von allen auf Ober- sowie Unterseite des Werkstücks gegenüberliegenden Knotenpunkten gebildet. Zwecks Integration der experimentellen Messwerte in die so ermittelten, numerisch berechneten Höhenverläufe wurden die Knotenpunkte auf dem Werkstück identifiziert, welche den Positionen der Messung mit dem Koordinatenmessgerät entsprechen. Der resultierende Vergleich der Werkstückhöhenverläufe von hinten nach vorne und von links nach rechts der beiden erweiterten FEM/BEM-Modelle mit und ohne Maschinenmodell sowie die experimentell ermittelten Werte sind in den beiden Diagrammen in Bild 5.26 beziehungsweise Bild 5.27 dargestellt.

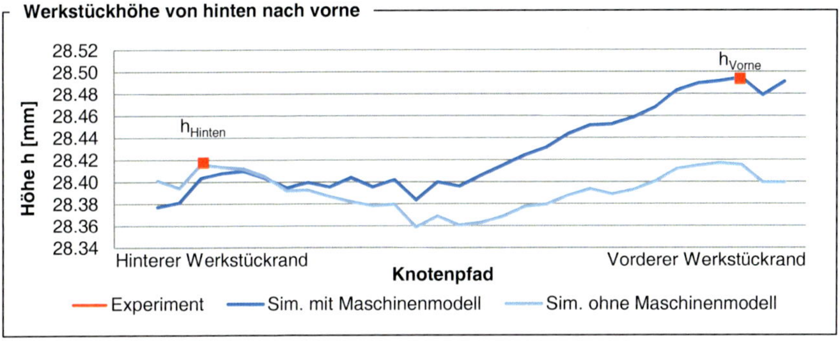

Bild 5.26: Vergleich der numerischen Werkstückhöhenverläufe von hinten nach vorne und der experimentellen Werte

Comparison of the workpiece height characteristics from back to front and the specific experimental values

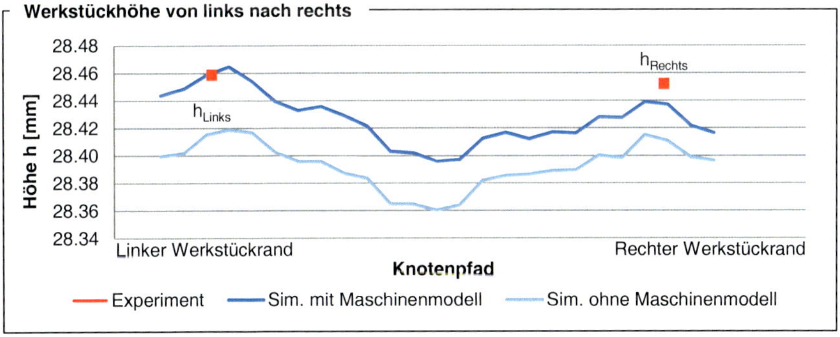

Bild 5.27: Vergleich der numerischen Werkstückhöhenverläufe von links nach rechts und der experimentellen Werte

Comparison of the workpiece height characteristics from left to right and the specific experimental values

Der grafische Vergleich der Werkstückhöhenverläufe von hinten nach vorne beziehungsweise von links nach rechts zeigt eine signifikante Abweichung zwischen den Verläufen der beiden erweiterten FEM/BEM-Modelle mit und ohne Maschinenmodell.

Beide Verläufe weisen in der Mitte eine geringe Werkstückhöhe auf, welche zu den Messpositionen an den Rändern des Werkstücks hin ansteigt. Allerdings lässt sich beobachten, dass das erweiterte FEM/BEM-Modell ohne Maschinenmodell die Werkstückhöhe an den vier äußeren Messpositionen erwartungsgemäß vollständig symmetrisch abbildet. Die Werkstückhöhe ist an allen vier Messpositionen identisch. Die Vermessung der experimentell erzeugten Werkstücke zeigte hingegen einen asymmetrischen Verlauf. Dieser asymmetrische Werkstückhöhenverlauf wird jedoch durch das erweiterte FEM/BEM-Modell mit Maschinenmodell abgebildet. In dem numerisch berechneten Verlauf dieses Modells lässt sich die experimentell nachgewiesene signifikante Verkippung der Werkstückoberfläche, welche in einer um ca. 0,08 mm größeren Werkstückhöhe vorne als hinten sowie einer geringfügig größeren Höhe links als rechts resultiert, beobachten.

Zwecks Evaluierung der Abweichung der numerisch berechneten Werkstückhöhen gegenüber dem Experiment wurden die expliziten numerischen Höhenwerte an den exakt gleichen Knotenpunkten ausgewertet, welche den Messpositionen der Vermessung der experimentell erzeugten Werkstücke mittels des Koordinatenmessgeräts entsprechen. Die Balkendiagramme in Bild 5.28 zeigen den Vergleich zwischen Experiment und den Simulationen und dienen somit auch der Untersuchung der Genauigkeitssteigerung bezüglich der numerisch berechneten Werkstückendgeometrien anhand der Werkstückhöhe.

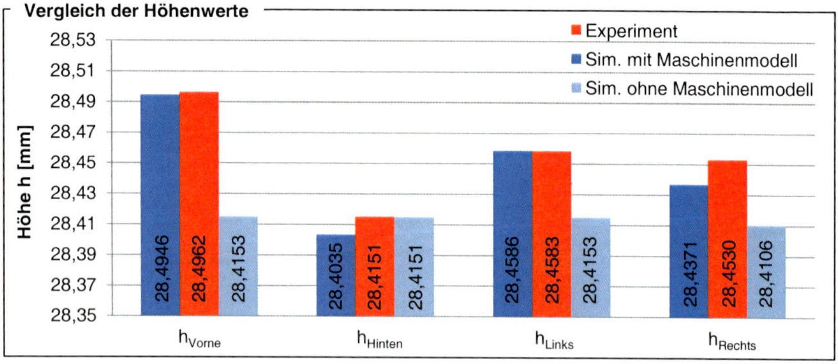

Bild 5.28: Untersuchung der Genauigkeitssteigerung anhand des Vergleichs der Werkstückhöhenwerte

Examination of the precision improvement based on the comparison of workpiece height values

Der bereits bei den grafischen Vergleichen der Werkstückhöhenverläufe beobachtbare Unterschied zwischen den beiden erweiterten FEM/BEM-Modellen mit und ohne Maschinenmodell lässt sich auch anhand der Werte der Werkstückhöhen an den definierten Messpositionen nachweisen. Daher unterscheiden sich in diesem Fall auch die Abweichungen zwischen den beiden Simulationen und dem Experiment. An den vier Messpositionen bestehen Unterschiede in der Genauigkeit der Geometrieabbildung zwischen der Simulation mit und ohne Maschinenmodell. Das erweiterte FEM/BEM-Modell ohne Maschinenmodell bildet die Werkstückhöhe an den vier Messpositionen h_{Vorne}, h_{Hinten}, h_{Links} und h_{Rechts} nahezu identisch mit $h \approx 28{,}41$ mm ab und modelliert somit nicht den im Experiment beobachtbaren asymmetrischen Werkstückhöhenverlauf. Die Abweichungen der Werkstückhöhe in Bezug auf das Experiment liegen zwischen 0 % und 0,284 %. Dahingegen bildet das erweiterte FEM/BEM-Modell mit Maschinenmodell die experimentelle Werkstückhöhe genauer ab. Die mit diesem Modell numerisch berechneten Werkstückhöhen weisen die aus dem elastischen Maschinenverhalten während des Querfließpressprozesses resultierende Asymmetrie der Werkstückhöhe auf. Insbesondere die sich aus der elastischen Verkippung des Pressenstößels ergebende Werkstückhöhendifferenz zwischen der vorderen und hinteren Messposition wird sehr genau modelliert. Daher liegen für die Simulation mit Maschinenmodell die Abweichungen gegenüber den experimentellen Werten lediglich zwischen 0% und 0,060%. Tabelle 5.4 zeigt zusammenfassend alle ermittelten Werte der Werkstückendgeometrie des Experiments und der beiden Simulationen mit und ohne Maschinenmodell sowie die resultierenden realen und prozentualen Abweichungen zu dem jeweiligen experimentellen Wert.

Tabelle 5.4: Vergleich der experimentellen und simulierten Werkstückendgeometrien
Comparison of experimental and simulated final workpiece dimensions

	Exp. [mm]	**Sim. mit M. [mm]**	**Abw. [mm]**	**Abw. [%]**	**Sim. ohne M. [mm]**	**Abw. [mm]**	**Abw. [%]**
$Ø_1$	30,2438	30,0203	0,2235	0,744	30,1123	0,1315	0,437
$Ø_2$	44,008	42,9724	1,0356	2,410	42,1639	1,8441	4,374
$Ø_3$	30,1575	30,1649	-0,0074	-0,025	30,4376	-0,2801	-0,920
h_{Vorne}	28,4962	28,4946	0,0016	0,010	28,4153	0,0809	0,284
h_{Hinten}	28,4151	28,4035	0,0119	0,040	28,4151	0,0000	0,000
h_{Links}	28,4583	28,4586	-0,0003	0,000	28,4153	0,0430	0,151
h_{Rechts}	28,4530	28,4371	0,0159	0,060	28,4106	0,0424	0,149

Es lässt sich das Fazit ziehen, dass die Modellierung des Querfließpressprozesses mit dem erweiterten FEM/BEM-Modell mit Maschinenmodell im Gegensatz zu der Simulation ohne Maschinenmodell eine genauere Abbildung der Realität bezüglich der asymmetrischen Werkstückhöhe ermöglicht. Das Modell mit Maschineneinfluss kann daher, bezüglich der numerischen Berechnung des asymmetrischen Werkstückhöhenverlaufs, alleinig als validiert angesehen werden. Somit ließ sich hinsichtlich der Berechnung des Werkstückhöhenverlaufs eine Genauigkeitssteigerung durch die zusätzliche Modellierung des elastischen, quasistatischen Maschinenverhaltens nachweisen. Eine noch deutlichere Genauigkeitssteigerung der numerisch berechneten Werkstückhöhe durch die Simulation mit elastischem Maschinenmodell wird aufgrund der zuvor erzielten Erkenntnisse bei alternativen Kaltmassivumformprozessen mit außermittiger Positionierung sowie offenen Werkzeugen erwartet. Beispiele hierfür sind mehrstufige Prozesse oder freie Stauchprozesse.

5.4 Zwischenfazit und Verifikation der zweiten Unterthese

Preliminary conclusions and verification of the second subthesis

Zusammenfassend kann festgestellt werden, dass durch die zusätzliche, analytische Modellierung des elastischen, quasistatischen Maschinenverhaltens in der Prozesssimulation eine Erhöhung der Abbildungsgenauigkeit erreicht wird. Hierzu wurde zunächst ein analytisches Modell des quasistatischen, elastischen Maschinenverhaltens auf Basis von empirischen Versuchen aufgestellt. Wichtigste Kenngrößen zur Modellierung des Maschinenverhaltens sind die Steifigkeit in Arbeitsrichtung und die Kippsteifigkeiten. Anschließend erfolgte die Integration des analytischen Maschinenmodells in die erweiterte FEM/BEM-Prozesssimulation des Querfließpressens. Der Einfluss der Maschinensteifigkeiten wurde dabei mittels eines analytischen Federmodells durch Konnektorelemente in Abaqus abgebildet. Das erweiterte FEM/BEM-Modell mit Maschinenmodell ermöglicht eine umfassende Prozesssimulation mit direkter Modellierung der Werkstück-Werkzeug-Maschinen-Interaktionen. Aus dem FEM/BEM-Modell des Querfließpressprozesses mit Integration des analytischen Maschinenmodells wurde zudem ein FEM-Modell des Stauchprozesses zur Bestimmung der Steifigkeitskennwerte abgeleitet. Durch das offene Werkzeugsystem beim Stauchen und die außermittige Positionierung des Werkstücks kommt es hier zu einer größeren elastischen Verkippung der Maschine im Vergleich zum zuvor modellierten Querfließpressprozess. Aufgrund des größeren Effekts des Maschinenmodells wurde dieses FEM-Modell zusätzlich zu dem FEM/BEM-Modell des Querfließpressprozesses für die Untersuchung der gesteigerten Abbildungsgenauigkeit durch die zusätzliche Modellierung des elastischen Maschinenverhaltens verwendet. Die Untersuchung erfolgte anhand des Vergleichs der Werkstückhöhe an vier Messpositionen zwischen Experiment und der FEM-Simulation des Stauchprozesses mit und ohne Maschinenmodell. Es zeigte sich, dass aus der Verkippung der Maschine während des Stauchprozesses eine signifikante Differenz der Werkstückhöhe zwischen der vorderen und der hinteren Messposition resultiert. Diese Asymmetrie der Werkstückhöhe wurde lediglich durch die FEM-Simulation mit Maschinenmodell abgebildet. Somit konnte die Steigerung der Abbildungsgenauigkeit durch die zusätzliche Modellierung des elastischen Maschinenverhaltens in der Prozesssimulation des Stauchprozesses mittels der verwendeten Konnektorelemente eindeutig nachgewiesen werden. Die Untersuchung der Genauigkeitssteigerung erfolgte weiterhin durch einen Vergleich der numerischen Ergebnisse mit und ohne Maschinenmodell sowie der experimentellen Ergebnisse des Querfließpressprozesses bezüglich des Verlaufs der Prozesskraft F_P, der radialen, elastischen Dehnung ε des unteren Matrizeneinsatzes und der Werkstückendgeometrie. Durch die Modellierung des Querfließpressprozesses mit dem erweiterten FEM/BEM-Modell mit Maschinenmodell wurde eine sehr genaue Abbildung der Realität bezüglich des Prozesskraftverlaufs F_P (t_P), der radialen, elastischen Dehnung ε des unteren Matrizeneinsatzes sowie der ausgewerteten Werkstückdurchmesser $Ø_1$, $Ø_2$ und $Ø_3$ erzielt. Der beobachtbare Unterschied zwischen den beiden erweiterten FEM/BEM-Modellen war allerdings bezüglich dieser Validierungsgrößen gering und demzufolge nicht als signifikant einzustufen. Die erwartete Steigerung der Abbildungsgenauigkeit wurde somit bei diesen Validierungsgrößen im hier erforschten Querfließpressprozess nicht erreicht. Im Gegensatz zu der Simulation ohne Maschinenmodell ermöglichte jedoch lediglich die Modellierung des Querfließpressprozesses durch das erweiterte FEM/BEM-Modell mit Maschinenmodell eine genaue Abbildung der Realität bezüglich der asymmetrischen Werkstückhöhe. Hinsichtlich der numerischen Berechnung des asymmetrischen Werkstückhöhenverlaufs kann daher alleinig das Modell mit Maschineneinfluss als validiert angesehen werden. Die signifikanteste Erkenntnis besteht somit darin, dass sich durch die zusätzliche direkte Modellierung des elastischen, quasistatischen Maschinenverhaltens mittels der gewählten Konnektorelemente eine beobachtbare Genauigkeitssteigerung bezüglich der Berechnung des asymmetrischen Werkstückhöhenverlaufs erzielen lässt. Damit ist die in dieser Arbeit postulierte zweite Unterthese verifiziert.

6 Numerische Gestaltoptimierung von Kaltmassivumformwerkzeugen

Numerical shape optimization of cold forging tools

Ziel der Arbeiten in Kapitel 6 ist die Erforschung der Anwendung einer iterativen, numerischen Optimierung der Werkzeuggeometrie eines Kaltmassivumformprozesses auf Basis der, mit dem erweiterten FEM/BEM-Modell mit Maschineneinfluss berechneten, mechanischen Werkzeugbelastungen. Behandelt wird somit Unterthese 3:

Die Integration der FEM/BEM-Simulationsmethodik in eine numerische Gestaltoptimierung ermöglicht eine umfassende und zeiteffiziente Auslegung der Geometrie von Kaltmassivumformwerkzeugen.

Im Fokus der Überprüfung dieser Unterthese steht zunächst die Beschreibung des verwendeten Algorithmus zur numerischen Gestaltoptimierung. Darauf aufbauend erfolgt die erstmalige Integration einer um die Werkstück-Werkzeug-Maschinen-Interaktionen erweiterten FEM/BEM-Simulationsmethodik in eine numerische Gestaltoptimierung. Anschließend wird eine numerische Gestaltoptimierung zur Minimierung und Homogenisierung der Spannungsbelastung des Querfließpresswerkzeugs zur Vermeidung von verfrühtem Werkzeugversagen durchgeführt und grundlegend erforscht. Die wissenschaftliche Neuerung lag hierbei in der Verwendung eines umfassenden dreidimensionalen Ansatzes für die numerische Gestaltoptimierung. Weiterhin wird die Anwendung der FEM/BEM-Simulationsmethodik zur iterativen Korrektur von belastungsinduzierten, geometrischen Werkstückabweichungen diskutiert. Am Ende des Kapitels werden die erzielten Erkenntnisse in einem Zwischenfazit zusammengefasst und die dritte Unterthese verifiziert.

6.1 Algorithmus zur numerischen Gestaltoptimierung

Algorithm for the numerical shape optimization

Eine numerische Optimierungsmethodik ermöglicht eine vereinfachte, automatisierte Generierung der optimalen Werkzeuggeometrie bereits in frühen Entwicklungsphasen. Dies resultiert in Material- und Kosteneinsparungen sowie einer deutlichen Reduktion der Entwicklungszeit. Durch eine iterative, numerische Werkzeuggeometrieoptimierung kann z.B. die Werkzeugstandmenge durch Spannungsminimierung und die Werkstückgenauigkeit durch die Kompensation von Werkzeugverformungen gesteigert werden. Hierzu ist allerdings die numerische Berechnung der mechanischen Werkzeugbelastungen und der elastischen Werkzeugverformungen erforderlich. Durch eine anschließende Optimierung können die auftretenden Spannungen durch ein numerisch berechnetes, belastungsgerechtes Werkzeugdesign minimiert werden. Die Ergebnisse der Optimierung hängen dabei insbesondere von der Genauigkeit der mittels numerischer Modellierung ermittelter Prozessgrößen, wie Kräften und Spannungen, und somit der Modellkomplexität ab. Allerdings erfordern numerische Ansätze zur Optimierung aufgrund ihres iterativen Charakters, insbesondere bei der

Anwendung auf komplexe, dreidimensionale Modelle oder sogar Modelle mit Werkstück-Werkzeug-Maschinen-Interaktionen, eine hohe Rechenzeit. Durch die zeiteffiziente FEM/BEM-Simulationsmethodik reduziert sich jedoch dieses Defizit gegenüber der konventionellen FEM-Prozesssimulation. Weiterhin bestehen bei der numerischen Optimierung von Werkzeuggeometrien aktuell Herausforderungen bezüglich der erforderlichen, vollständigen Parametrisierung dreidimensionaler Werkzeugkonturen sowie der Rückführung der generierten Freiformflächen in die CAD-Umgebung zur Fertigung der optimierten Werkzeuge.

6.1.1 Einsatzbereich der numerischen Gestaltoptimierung

Application area of the numerical shape optimization

Bei einer numerischen Gestaltoptimierung handelt es sich um einen iterativen Optimierungsprozess, der eine Modifikation der Oberfläche eines Körpers in jedem Designzyklus zur Folge hat. Die Modifikationen führen dabei zu einer Minimierung oder auch Maximierung einer Zielfunktion, welche den zu optimierenden Wert enthält. Im Gegensatz zu einer Topologieoptimierung werden bei der Gestaltoptimierung keine neuen Geometrien kreiert, sondern lediglich vorhandene Geometrieelemente modifiziert. Die Gestaltoptimierung ermöglicht somit die spezifische Optimierung von Geometriedetails eines bereits existierenden Designs. Durch sie wird die Oberflächengeometrie automatisiert angepasst, um z.B. Materialversagen entgegen zu wirken oder die Lebensdauer einer Komponente zu erhöhen. Daher wird die numerische Gestaltoptimierung erst am Ende des Designprozesses eingesetzt, wenn bereits eine Ausgangsgeometrie für die Optimierung vorliegt, welche nur noch geringfügige Änderungen erlaubt. Der Haupteinsatzbereich einer Gestaltoptimierung ist die Minimierung von Spannungskonzentrationen, siehe Bild 6.1. [CHAK13], [DASS14b]

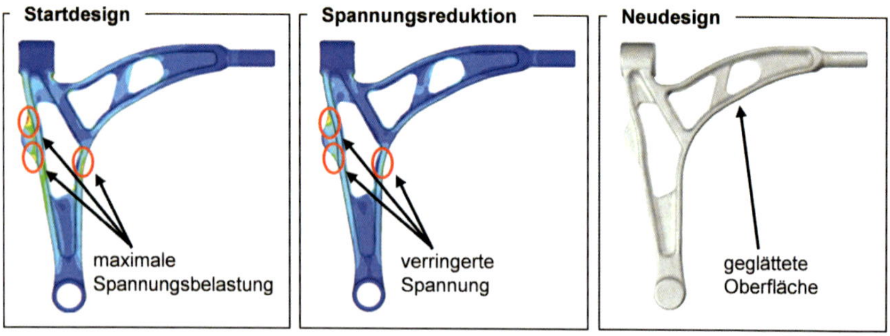

Bild 6.1: Ablauf einer numerischen Gestaltoptimierung zur Spannungsminimierung nach [FEDE15]

Sequence of a numerical shape optimization in order to minimize stresses

Basierend auf den numerisch ermittelten Spannungswerten einer, mit einer externen FE-Software durchgeführten Prozesssimulation, sowie zuvor definierten Randbedingungen, erfolgt eine Modifikation der Oberfläche, bis eine optimale Reduzierung und Homogenisierung der Spannungswerte erreicht wird. Dies wird heutzutage überwiegend durch eine manuelle *trial and error* Vorgehensweise erreicht, wohingegen die numerische Gestaltoptimierung diesen iterativen Prozess automatisiert und auf Basis von mathematischen Optimierungsalgorithmen ausführt. [DASS14b]

6.1.2 Theoretischer Hintergrund des verwendeten Algorithmus

Theoretical background of the used algorithm

Die hier zur numerischen Gestaltoptimierung des Kaltmassivumformwerkzeugs verwendete Software TOSCA Structure.shape ist ein modulares System zur nichtparametrischen Strukturoptimierung. Neben der Gestaltoptimierung kann mit dieser Software auch eine Topologie-, Sicken- und Blechdickenoptimierung durchgeführt werden. Eine Parametrisierung der numerischen Modelle ist dabei nicht erforderlich. Die nichtparametrische Gestaltoptimierung modifiziert direkt einen definierten Bereich des durch die örtliche Diskretisierung erzeugten Netzes im numerischen Modell mittels Verschiebung der Knotenpositionen. Hierdurch kann eine sehr hohe Flexibilität erreicht werden, da jeder einzelne Knoten unabhängig von den anderen Knoten im Designbereich verschoben werden kann. Somit ist die nichtparametrische Gestaltoptimierung in der Lage, Freiformflächen und somit auch asymmetrische Geometrien zu generieren. Zudem wird eine zeitaufwendige Modellparametrisierung durch den direkten, nichtparametrischen Ansatz vermieden. Durch die Verwendung eines solchen Optimierungsalgorithmus kann das aus dem Stand der Erkenntnisse abgeleitete Defizit der erforderlichen vollständigen Parametrisierbarkeit von dreidimensionalen Werkzeugkonturen ausgeräumt werden. Der in der Software TOSCA structure.shape verwendete, deterministische Algorithmus zur numerischen Gestaltoptimierung basiert auf Optimalitätskriterien und bietet ein schnelles Konvergenzverhalten [CHAK13]. Nach wenigen Iterationen kann bereits eine signifikante Reduzierung der Optimierungsgröße, z.B. der maximalen Spannungen, erreicht werden. Optimierungsalgorithmen, welche auf Optimalitätskriterien basieren, sind aufgrund der Verwendung von physikalischen Eigenschaften für spezielle Anwendungsfälle sehr effizient aber nicht universell anwendbar. Laut MESKE ET AL. eignen sich die auf Optimalitätskriterien basierenden Algorithmen insbesondere für die Gestaltoptimierungen von nichtlinearen Kontaktproblemen sowie Problemen die nichtlineares Materialverhalten und große plastische Verformungen beinhalten. Weiterhin sind diese Algorithmen sehr effizient in der Optimierung von großflächigen numerischen Modellen. Aufgrund dieser Eigenschaften ist der verwendete Algorithmus zur Gestaltoptimierung besonders geeignet für die Werkzeuggeometrieoptimierung mit dem Ziel der Minimierung von Spannungen. [BAEC11b], [CHAK13], [DASS14b], [MESK05]

In der numerischen Gestaltoptimierung mit TOSCA structure.shape ist weiterhin ein Regelalgorithmus eingebunden. Bei der regelbasierten Gestaltoptimierung hat ein Referenzwert eine spezielle Bedeutung. Der Referenzwert ist der Wert, um den herum die numerische Gestaltoptimierung die Optimierungsgröße, z.B. die Vergleichsspannung nach von Mises, homogenisiert. Dabei kann der Wert selbst definiert oder durch die Software automatisiert berechnet werden. Der regelbasierte Algorithmus ist getrieben durch die folgenden beiden Designregeln, siehe Bild 6.2.

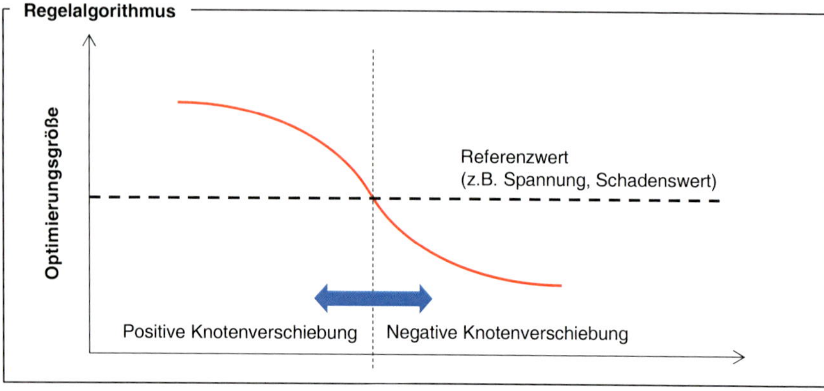

Bild 6.2: Designregeln des regelbasierten Algorithmus nach [CHAK13]
Design rules of the controller based algorithm

Die definierten Oberflächenknoten im Designbereich mit einem Spannungswert oberhalb des Referenzwerts werden, wie in Bild 6.3 dargestellt, orthogonal zur Oberfläche nach außen verschoben. Somit wird die optimierte Komponente in diesem Bereich verstärkt und die Spannung reduziert. Weisen die Designknoten auf der Oberfläche der zu optimierenden Komponente jedoch einen Spannungswert unterhalb des Referenzwerts auf, wird ihre Position nach innen verschoben. Hierdurch wird die Spannung gegenüber dem Ausgangswert erhöht.

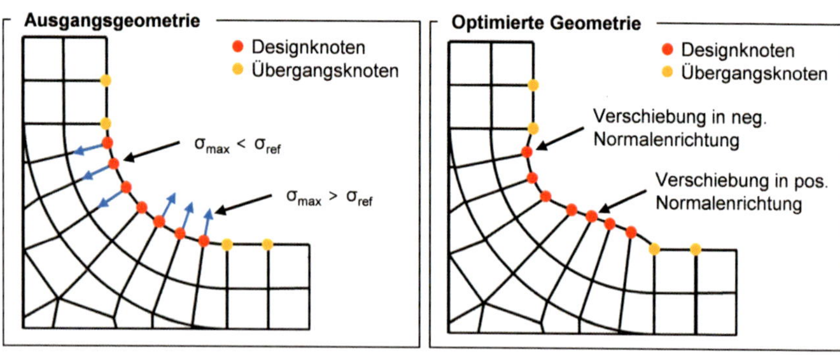

Bild 6.3: Knotenverschiebungen im Designbereich auf Basis der Designregeln
Nodal displacement in the design area based on the design rules

Das Ergebnis ist eine optimierte Komponente mit homogenisierten Spannungen im Designbereich. Dabei stellt der Referenzwert jedoch keine feste Randbedingung der Optimierung dar. Bei realen zu optimierenden Strukturen liegt die final erzielte minimale Spannung einer konvergierten Gestaltoptimierung immer einige Prozent über dem Referenzwert. Diese Vorgehensweise bezüglich der Minimierung einer Abweichung von einer Referenzspannung basiert auf der folgenden Hypothese von NEUBER. Die optimale Geometrie einer Komponente wird erreicht, wenn die Spannungen in dem betrachteten Oberflächenbereich konstant sind (Homogenisierung der Spannungen). Der Zielwert der resultierenden konstanten Spannung wird dabei als die Referenzspannung definiert. Die Homogenisierung der Spannungen kann ebenfalls als Prinzip der vollständig belasteten Komponente (Fully Stressed Design) interpretiert werden. Hierbei ist die Komponente in so vielen Bereichen wie möglich mit dem maximal erlaubten Spannungswert belastet. [DASS14b], [NEUB01]

6.2 Integration der FEM/BEM-Simulationsmethodik in die numerische Gestaltoptimierung

Integration of the FEM/BEM-simulation methodology into the numerical shape optimization

Die zur numerischen Gestaltoptimierung verwendete Software TOSCA Structure.shape generiert die optimierte Geometrie auf Basis von Optimierungsgrößen, welche vor jedem iterativen Designzyklus mit einer durch einen externen Solver durchgeführten Prozesssimulation numerisch berechnet werden. Als externe Prozesssimulation wurde die FEM/BEM-Simulationsmethodik mit dem Abaqus Solver verwendet. Die wesentliche Herausforderung bestand in der Integration der FEM/BEM-Simulationsmethodik in die numerische Gestaltoptimierung mit der Software TOSCA Structure.shape. Die Schwierigkeit hierbei lag in den erforderlichen Änderungen der BEM-Definitionen in der *Input* Datei, welche zur Anpassung der um die Werkstück-Werkzeug-Maschinen-Interaktionen erweiterten FEM/BEM-Simulationsmethodik an die Anforderungen der Software TOSCA Structure.shape vorgenommen werden mussten.

Wie in Kapitel 2.3.1 beschrieben, basiert die FEM/BEM-Methodik auf einer Integration der mittels BEM diskretisierten Domäne in die Abaqus FEM-Simulation mittels eines User-Elements. Gemäß der Beschreibung in Kapitel 4.1.2 erfolgt eine automatische Erkennung der für die BEM-Domäne relevanten Informationen, wie z.B. Anzahl der BEM-Instanzen im Modell, Knotenanzahl der BEM-Domäne sowie Knoten im Kontaktbereich zwischen FEM- und BEM-Domäne, aus den in der *Input* Datei definierten Modelleigenschaften. Bei der aktuellen Funktionsweise der FEM/BEM-Simulationsmethodik ist es hierzu erforderlich, dass die verwendete *Input* Datei die Definition der Modellkomponenten in Form von Bauteilen und Baugruppen (*Parts and Assembly*) enthält. Bei dieser Definitionsweise werden die Knoten- und Elementnummern lokal für die einzelnen Modellkomponenten vergeben. Die Software TOSCA Structure.shape erfordert allerdings eine *Input* Datei im sogenannten *flat* Format. Hier erfolgt die Definition der Modellkomponenten nicht mittels Bauteilen und Baugruppen. Zudem werden die Knoten- und Elementnummern global für das gesamte Modell und unabhängig von den einzelnen Komponenten vergeben. Eine Anpassung der FEM/BEM-Simulationsmethodik ist aus diesem Grund nicht trivial, da die eindeutige Zuordnung der einzelnen Knoten und Elemente zu den BEM-Domänen erschwert ist. Aus diesem Grund wurde zur Integration der FEM/BEM-Simulationsmethodik in die numerische Gestaltoptimierung mit TOSCA Structure.shape wie bisher zunächst die mit Abaqus generierte *Input* Datei um die erforderlichen Definitionen für das Abaqus User-Element erweitert. Anschließend erfolgte eine Anpassung der Definitionen des Abaqus User-Elements in das *flat* Format durch manuelle Konvertierung der lokalen in globale Knotennummern, siehe Bild 6.4. Abschließend wurden die nun im *flat* Format vorliegenden Definitionen in eine mit Abaqus erstellte *flat Input* Datei des zu optimierenden FEM/BEM-Modells integriert. Durch diese Maßnahmen konnten die Definitionen des Abaqus User-Elements erfolgreich in das *flat* Format übertragen werden und das erweiterte FEM/BEM-Modell des Querfließpressprozesses in die Software TOSCA Structure.shape zwecks Durchführung der numerischen Gestaltoptimierung eingelesen werden.

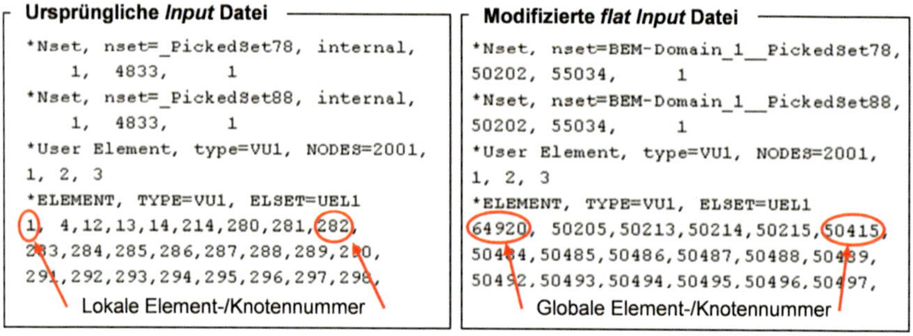

Bild 6.4: Manuelle Konvertierung der Definition des User-Elements in das *flat* Format
Manual conversion of the user element definition into the flat format

Zusätzlich zu der Anpassung der *Input* Datei muss der von der Software TOSCA Structure.shape für die Optimierung angelegten Ordnerstruktur noch ein Ordner hinzugefügt werden, der die kondensierte Steifigkeitsmatrix für die BEM-Domäne enthält. Diese wurde bereits für einen Testlauf des zu optimierenden erweiterten FEM/BEM-Modells vor dem Beginn der Gestaltoptimierung generiert. Da der durch die BEM-Domäne modellierte Bereich des Werkzeugs während des Optimierungsverlaufs nicht modifiziert wird, bleibt die Steifigkeitsmatrix identisch. Sie muss demnach nur ein einziges Mal berechnet werden und kann anschließend in jeder Iteration des Designzyklus verwendet werden. Somit kommt hier die in Kapitel 4.5.1 beschriebene zusätzliche Reduzierung des Rechenzeitbedarfs gegenüber der Verwendung der konventionellen FEM und somit eine zusätzliche Effizienzsteigerung durch die FEM/BEM-Simulationsmethodik zum Tragen. Das beschriebene Vorgehen ermöglichte die erfolgreiche Integration der FEM/BEM-Simulationsmethodik in die Software TOSCA Structure.shape sowie Durchführung einer numerischen Gestaltoptimierung.

6.3 Numerische Gestaltoptimierung zur Spannungsminimierung

Numerical shape optimization for stress minimization

Mit dem Ziel der Minimierung und Homogenisierung der Spannungen im Werkstück-Werkzeug-Kontakt des erweiterten FEM/BEM-Modells des Querfließpressprozesses wurde eine Gestaltoptimierung mit der zuvor beschriebenen Software TOSCA Structure.shape durchgeführt. Neu ist hierbei die Verwendung eines umfassenden, dreidimensionalen Ansatzes für eine numerische Gestaltoptimierung in der Kaltmassivumformung. Hierzu war eine Modifikation des in Kapitel 5 untersuchten numerischen Modells mit Modellierung des elastischen Maschinenverhaltens erforderlich, welche nachfolgend detailliert beschrieben wird. Eine Gestaltoptimierungsaufgabe mit TOSCA Structure.shape besteht immer aus der Definition eines Designbereiches, der Festlegung von Randbedingungen, der Aufstellung einer Zielfunktion und Optimierungsrestriktionen. Diese Schritte werden nachfolgend beschrieben. Dabei galt es insbesondere die Problematik bezüglich der Definition von zielführenden Randbedingungen zwecks Vermeidung der Bildung einer Hinterschneidung durch das Optimierungsergebnis zu lösen. Das Ergebnis der Gestaltoptimierung stellt eine Freiformfläche dar, welche durch das modifizierte Oberflächennetz des in diesem Falle untersuchten FEM/BEM-Modells definiert wird.

6.3.1 Modifikation der numerischen Prozessmodellierung

Modification of the numerical process simulation

Für die Verwendung des im Kapitel 5 erforschten erweiterten FEM/BEM-Modell mit Modellierung des elastischen Maschinenverhaltens für die numerische Gestaltoptimierung wurde das Modell modifiziert. Eine Auswertung der in Kapitel 5.2 definierten Prozesssimulation hat ergeben, dass die maximale Spannung in der Fließpressschulter des unteren Matrizeneinsatzes am Ende des Querfließpressprozesses vorliegt. Der Maximale Spannungswert beträgt hier $\sigma_{Mises,max}$ = 3521 MPa und bildet sich linienförmig über dem Umfang der Fließpressschulter aus, siehe Bild 6.5.

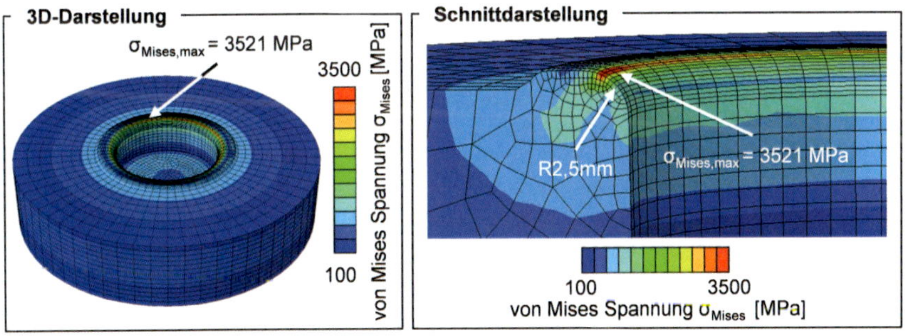

Bild 6.5: Spannungsverteilung in der Untermatrize bei dem erweiterten FEM/BEM-Modell
Stress distribution in the lower die of the enhanced FEM/BEM-model

In der Ausgangsgeometrie ist die Fließpressschulter als ein Kreisbogen mit einem Radius von R = 2,5 mm ausgeführt. Zwecks Verringerung des Rechenaufwands wurde daher der Rückhub des Stempels nicht mehr simuliert und damit Rechenzeit eingespart. Die Gestaltoptimierung berücksichtigt somit die Spannungsbelastung in der Fließpressschulter am Ende des Querfließpressprozesses, welches durch das Maximum des Stempelwegs definiert ist.

Eine weitere Möglichkeit die Rechenzeit zu senken besteht in der Verwendung eines *Mass scaling* Faktors. Das maximale, stabile Zeitinkrement des expliziten FEM-Solvers definiert die erforderliche Rechenzeit zur Lösung eines Randwertproblems. Laut Definition ist das minimale Zeitinkrement die Zeiteinheit, welche eine Schallwelle benötigt, um die minimale Elementlänge zu überwinden. Die Ausbreitung der Schallwelle ist abhängig von der Werkstoffdichte. Eine künstliche Erhöhung der Werkstoffdichte durch den *Mass scaling* Faktor resultiert in einer Verlangsamung der Ausbreitungsgeschwindigkeit und somit in einem höheren, maximalen, stabilen Zeitinkrement. Da nun weniger Zeitinkremente für die Prozesssimulation erforderlich sind, wird die Rechenzeit reduziert. Eine übermäßige Erhöhung der Materialdichte kann jedoch zu einer Verfälschung der Simulationsergebnisse führen. Um den maximal einsetzbaren *Mass scaling* Faktor ohne Beeinflussung des erweiterten FEM/BEM-Modells zu identifizieren, wurde die Prozesssimulation mit verschiedenen Faktoren durchgeführt, siehe Bild 6.6.

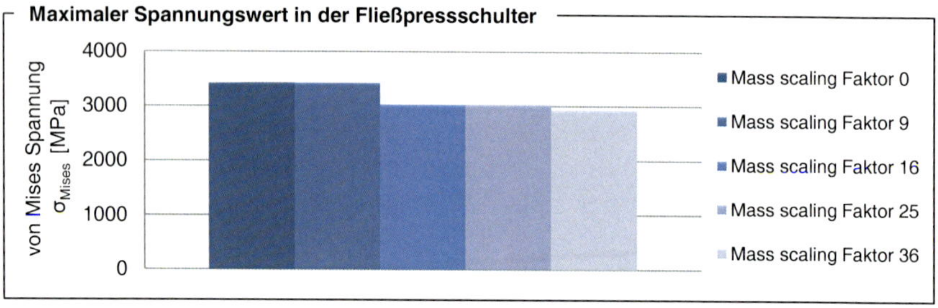

Bild 6.6: Maximaler Spannungswert in der Fließpressschulter in Abhängigkeit vom *Mass scaling* Faktor

Maximal stress value in the die radius as a function of the mass scaling factor

Anschließend wurde der maximale Spannungswert in der Fließpressschulter des unteren Matrizeneinsatzes ausgewertet. Es ist ersichtlich, dass bei einem *Mass scaling* Faktor von neun ein identischer maximaler Spannungswert wie bei der Prozesssimulation ohne *Mass scaling* in der Fließpressschulter vorliegt. Daher wurde dieser Faktor für die im weiteren Verlauf beschriebene numerische Gestaltoptimierung mit dem Ziel der Spannungsminimierung verwendet und hierdurch eine Verringerung der Rechenzeit um den Faktor 3,39 gegenüber der Simulation ohne *Mass scaling* erzielt.

6.3.2 Designbereich und Randbedingungen

Design area and boundary conditions

Für das *Preprocessing*, welches die Definition der Optimierungsaufgabe beinhaltet, wurde die Software TOSCA ANSA environment verwendet. Diese bietet die Möglichkeit der Konfiguration, Ausführung und Auswertung der numerischen Gestaltoptimierung mit TOSCA Structure.shape. Dabei sind eine zielführende Auslegung des Designbereichs und die Definition der Randbedingungen essentiell für den Erfolg der Gestaltoptimierung. Die numerische Gestaltoptimierung basiert auf einer Verschiebung der Position der Designknoten in positiver beziehungsweise negativer Normalenrichtung zur Oberfläche, vergleiche Bild 6.2. Ziel der Optimierung ist die Minimierung der Spannungen in der Fließpressschulter des unteren Matrizeneinsatzes. Hier liegen die höchsten Spannungen im Werkzeug vor. Eine Änderung der Schultergeometrie führt zudem nur zu einer geringen und somit für die meisten Anwendungsfälle akzeptablen Modifikation der finalen Werkstückgeometrie. Wie in Bild 6.7 zu sehen ist, wurden daher lediglich die Oberflächenknoten der Fließpressschulter als Designbereich definiert. Eine Verschiebung der Oberflächenknoten im Designbereich führt auch zu einer Elementverschiebung im Inneren der Modellkomponente. Zwecks Vermeidung einer übermäßigen Netzverzerrung werden zusätzlich sogenannte Übergangsknoten definiert. Die zugehörigen Elemente sowie die zwei darunterliegenden Schichten an Elementen werden ebenfalls verschoben. Hierdurch wird die Netzqualität aufrechterhalten. Der Bereich der Übergangsknoten und die Anzahl der Schichten sollte möglichst klein gehalten werden, um die Optimierungszeit zu minimieren.

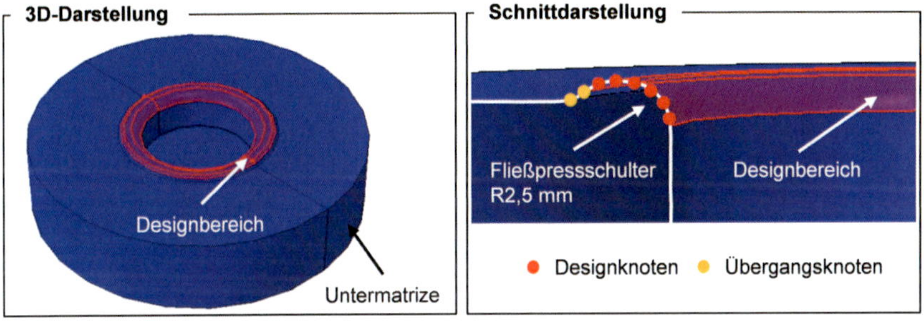

Bild 6.7: Definition des Designbereichs und der Übergangsknoten
Definition of design area and transition nodes

Unter Randbedingungen der Optimierungsaufgabe versteht man Einschränkungen für die Verschiebung der Design- und Übergangsknoten bei der Gestaltoptimierung. Die Knoten können in bestimmten Bereichen fixiert werden. Zudem können spezielle Restriktionen für die Knoten definiert werden. Für die untersuchte Optimierungsaufgabe wurde zunächst festgelegt, dass alle bereits in Abaqus definierten Einschränkungen der Freiheitsgrade der Bewegung in die Gestaltoptimierung übernommen werden. Weiterhin zeigten Voruntersuchungen die Problematik auf, dass die Verschiebungen der Designknoten direkt am Übergang zwischen der Kavität für den unteren Schaftdurchmesser des Werkstücks und der Fließpressschulter in einer Hinterschneidung resultieren konnten. Diese Hinterschneidung macht das Auswerfen des Werkstücks aus dem geöffneten Werkzeug unmöglich und muss daher zwingend durch die Definition von Randbedingungen unterbunden werden.

TOSCA Structure.shape bietet die Möglichkeit eine Begrenzungsfläche als Durchdringungsgrenze für die Designknoten zu definieren. Hierzu wurde eine zusätzliche Modellkomponente in Form eines mit Schalenelementen vernetzten Starrkörpers in das Modell integriert, siehe Bild 6.8. Um die besten Ergebnisse zu erzielen, wurde die Vernetzung auf dem Starrkörper identisch zu der des Designbereichs gestaltet. Alle Freiheitsgrade der Bewegung wurden für diesen Starrkörper fixiert und keine Wechselwirkungen mit anderen Modellkomponenten definiert. Der Starrkörper hatte somit keinen Einfluss auf die Prozesssimulation und führte somit auch zu keiner Beeinflussung des Simulationsergebnisses. Lediglich während des Designzyklus wurde die Begrenzungsfläche bei der Definition des Verschiebungsvektors für die Designknoten berücksichtigt. Zur wirksamen Vermeidung der Hinterschneidung wurde die Begrenzungsfläche direkt an dem Punkt des Beginns des Radius der Fließpressschulter positioniert. So wurde zusätzlich die angestrebte Kreisform des unteren Schaftdurchmessers des Werkstücks erfolgreich beibehalten.

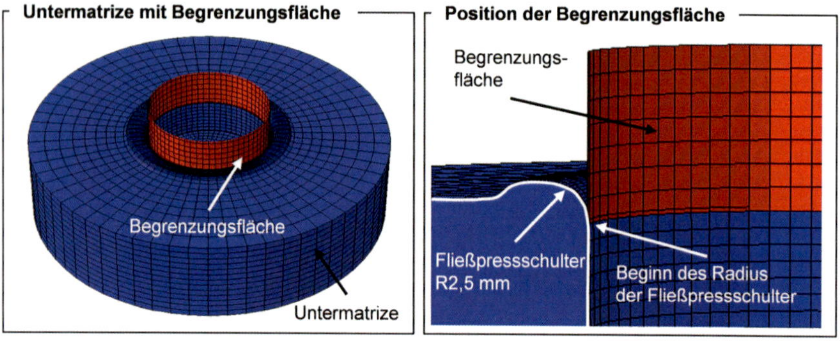

Bild 6.8: Definition und Positionierung der Begrenzungsfläche in der Untermatrize
Definition and position of the limiting surface in the lower die

6.3.3 Zielfunktion und Optimierungsrestriktionen
Objective function and optimization constraints

Das Ziel einer Gestaltoptimierung, wie z.B. die Minimierung oder Maximierung von bestimmten Zustandsgrößen, wird in der Zielfunktion definiert. Die Zielfunktion ist von mindestens einem Term oder auch mehreren Termen abhängig. Diese Terme werden Optimierungsgrößen genannt und stellen die grundlegende Definition des Optimierungsproblems dar. Generell wird immer ein skalarer Wert minimiert oder maximiert. Der skalare Wert der Funktion in Form der Optimierungsgröße hängt von den Ergebnissen der Prozesssimulation, wie Verschiebungen, Spannungen, Reaktionskräften und Inneren Kräften, ab. Die Optimierungsgrößen werden meist für eine Koten- oder Elementgruppe bestimmt. Sollen gleichzeitig bestimmte Ergebnisbereiche erzwungen werden, müssen zusätzliche Optimierungsrestriktionen aufgestellt werden. [DASS14b]

Ein Optimierungsproblem kann daher wie folgt mathematisch dargestellt werden:

$$min\big(\Phi(U(x),x)\big) \tag{6.1}$$

unter den Nebenbedingungen

$$\Psi_i(U(x),x) \leq 0 \tag{6.2}$$

und

$$g_i(x) \leq 0. \tag{6.3}$$

Hierbei ist Φ die Zielfunktion, welche sowohl von der Zustandsgröße U als auch von der Designvariablen x abhängt, siehe (6.1). Das Problem kann gemäß der Nebenbedingungen in den Formeln (6.2) und (6.3) durch die Optimierungsrestriktionen Ψ und g weiter eingeschränkt werden. Eine Maximierung der Zielfunktion entspricht der Minimierung der Funktion -Φ. [DASS14b]

Wie bereits beschrieben, kann die zu minimierende (min) oder maximierende (max) Zielfunktion von mehreren Optimierungsgrößen abhängen. Hierzu wird eine Summe der einzelnen Optimierungsgrößen δ gebildet, wobei jeder Größe ein spezifischer Gewichtungsfaktor w und ein eigener Referenzwert δ^{ref} zugeordnet werden kann. Wie bereits in Kapitel 6.1.2 beschrieben, hat der Referenzwert bei der regelbasierten Gestaltoptimierung eine spezielle Bedeutung. Er stellt den Wert dar, um den herum die numerische Gestaltoptimierung die Optimierungsgröße homogenisiert. Aus der Minimierung und Maximierung der Zielfunktion resultieren die folgenden beiden Formeln (6.4) und (6.5). [DASS14b]

$$\Phi = min\left(\sum_{i=1}^{N} w_i\left(\delta_i\left((U(x),x)\right) - \delta_i^{ref}\right)\right) \tag{6.4}$$

$$\Phi = max\left(\sum_{i=1}^{N} w_i\left(\delta_i\left((U(x),x)\right) - \delta_i^{ref}\right)\right) \tag{6.5}$$

Vergleichsspannungen sind die Hauptoptimierungsgröße für die regelbasierte Gestaltoptimierung. Die Software TOSCA Structure.shape ermöglicht die Optimierung verschiedener Spannungswerte. Am häufigsten wird die Vergleichsspannung nach von Mises verwendet. Aufgrund der Eignung dieser Vergleichsspannungshypothese für zähe Werkstoffe wie z.B. Stahl unter wechselnder Beanspruchung, welche auch während eines Kaltmassivumformungsprozesses auftritt, wurde sie auch hier als Optimierungsgröße gewählt. Die Optimierungsgröße in Form der Vergleichsspannung nach von Mises wurde bei jeder Iteration des Designzyklus für alle Knoten im Designbereich berechnet. Der Referenzwert der Optimierungsgröße wurde automatisch durch die Software TOSCA Structure.shape bestimmt.

Da die Zielstellung der numerischen Gestaltoptimierung in der Reduzierung der Spannungsbelastung des Querfließpresswerkzeugs zwecks Vermeidung von verfrühtem Werkzeugversagen durch Überlast besteht, wurden die Zielfunktion und damit die Optimierungsgröße minimiert. Aufgrund des regelbasierten Optimierungsalgorithmus erfolgt gleichzeitig eine Homogenisierung der Spannungen im gesamten Designbereich. Weiterhin handelt es sich bei der hier erforschten Optimierungsaufgabe um eine Gestaltoptimierung des Kontaktbereichs zwischen Werkstück und Werkzeug. Gemäß der in 6.1.2 beschriebenen Designregeln würden in Bereichen mit über dem Referenzwert liegenden Spannungswerten die Designknoten in positiver Normalenrichtung zur Oberfläche verschoben. Dieses Vorgehen führt allerdings zu noch größeren Spannungen in der Kontaktzone. Durch die Definition einer Optimierungsrestriktion kann die Designregel bezüglich der Größe und Richtung der Knotenverschiebung umgekehrt werden. Hierzu wurde ein negativer Skalierungsfaktor von -0,5 definiert. Der negative Skalierungsfaktor resultiert in einer Verschiebung der Designkonten in negativer Normalenrichtung zur Oberfläche bei Spannungswerten oberhalb des Referenzwerts und führt zu einer Reduzierung und Homogenisierung der Spannungen in der Kontaktzone.

Auf Basis der Optimierungsergebnisse von Voruntersuchungen wurde eine weitere Optimierungsrestriktion in Form einer Stoppbedingung nach zehn Iterationen definiert. Innerhalb dieser Anzahl von Designzyklen wurde durchgängig eine Konvergenz und damit ein Minimum der Zielfunktion erreicht. Die Gestaltoptimierung beendet sich zudem auch vor der festgelegten Anzahl an Iterationen selbstständig, wenn keine signifikanten Änderungen der Zielfunktion mehr auftreten. Die Software TOSCA Structure.shape erlaubt den Einsatz des expliziten Abaqus Solvers für die Gestaltoptimierung eines quasistatischen Problems, welches für die hier erforschte Prozesssimulation des Querfließpressens vorliegt. Daher wurde die Konfiguration der numerischen Gestaltoptimierung dahingehend geändert, dass die Verwendung des expliziten Abaqus Solvers im Parallelverfahren mit 24 CPUs ermöglicht wurde.

6.4 Ergebnisse der numerischen Gestaltoptimierung

Results of the numerical shape optimization

Basierend auf der zuvor beschriebenen Definition der Optimierungsaufgabe durch die Festlegung des Designbereichs und der Randbedingungen sowie der Aufstellung einer Zielfunktion und der Optimierungsrestriktionen, wurde eine Gestaltoptimierung mit der Software TOSCA Structure.shape durchgeführt. Nachfolgend werden die Ergebnisse der numerischen Gestaltoptimierung anhand des Optimierungsgrößenverlaufs, der resultierenden Knotenverschiebung, der Geometrieglättung und der anschließenden numerischen Validierung beschrieben und diskutiert.

6.4.1 Optimierungsgrößenverlauf und Designknotenverschiebung

Characteristic of the design response and design nodes displacement

Der Verlauf der skalaren Optimierungsgröße in Form des Vergleichsspannungswerts nach von Mises über die verschiedenen Iterationen des Designzyklus stellt ein Maß für die Minimierung und Homogenisierung der Spannungen im Werkstück-Werkzeug-Kontakt des erweiterten FEM/BEM-Modells des Querfließpressprozesses dar. Das Diagramm in Bild 6.9 zeigt, dass direkt in der ersten Iteration eine deutliche Reduktion der Optimierungsgröße erzielt wurde. Der skalare Wert der Vergleichsspannung nach von Mises, welcher repräsentativ für den gesamten Designbereich ermittelt wurde, stieg in den direkt anschließenden Iterationen wieder leicht an, bis im fünften Iterationsschritt erneut ein lokales Minimum erreicht wurde. Nach einem wiederholten

Anstieg der Optimierungsgröße wurde im neunten Iterationsschritt das globale Minimum und somit das Konvergenzniveau für die hier durchgeführte Gestaltoptimierung erreicht.

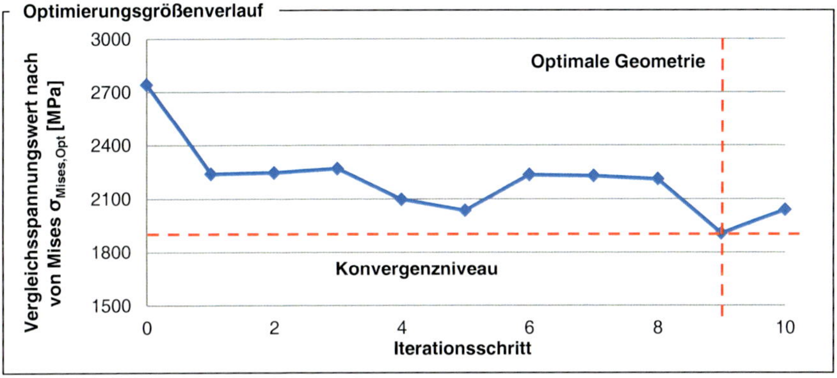

Bild 6.9: Verlauf der Optimierungsgröße über den Iterationsschritten des Designzyklus

Characteristic of the design response over the iterations steps of the design cycle

Basierend auf dem zuvor gezeigten Verlauf der Optimierungsgröße wurde die im neunten Iterationsschritt erzeugte Geometrie als das optimale Ergebnis der Gestaltoptimierung festgelegt. Die zur Erlangung der optimalen, belastungsgerechten Geometrie der Fließpressschulter aus der Designregel des regelbasierten Optimierungsalgorithmus resultierenden Knotenverschiebungen im Designbereich sind in Bild 6.10 dargestellt.

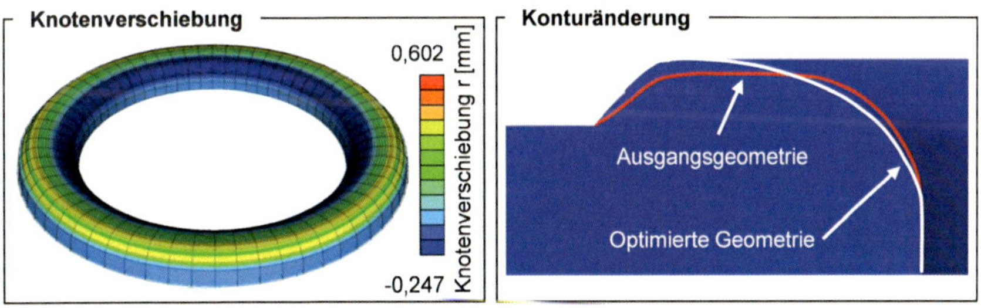

Bild 6.10: Vergleich der Verschiebung der Knoten im Designbereich zwischen der Ausgangsgeometrie und der optimierten Geometrie

Comparison of the nodal displacements in the design area between the initial and optimized tool geometry

Das Ergebnis zeigt, dass die Geometrie der Fließpressschulter an die in diesem Bereich vorliegende Spannungsverteilung angepasst wurde. In dem Bereich, in dem sich zuvor die maximale Spannungsbelastung linienförmig über dem Umfang der Fließpressschulter ausgebildet hat (vergleiche Bild 6.5), wurden die Oberflächenknoten um bis zu 0,247 mm in negativer Normalenrichtung zur Oberfläche verschoben.

Hierdurch wurde die Spannungsbelastung in diesem Bereich reduziert. Im Gegensatz dazu wurden die Knoten in den, im Ausgangszustand nur gering belasteten äußeren Bereichen der Fließpressschulter, um maximal 0,602 mm in positiver Normalenrichtung zur Oberfläche verschoben. Dies führte zu einer Erhöhung der Spannung in diesem Bereich und insgesamt zu einer Homogenisierung der Spannungsbelastung.

6.4.2 Geometrieglättung

Geometry smoothing

Die nichtparametrisierte Gestaltoptimierung modifiziert die Oberfläche des Optimierungsobjekts im definierten Designbereich durch Knotenverschiebungen. Ergebnis der Gestaltoptimierung ist somit eine optimale Freiformfläche, welche durch die modifizierten Koordinatenpunkte der Designknoten des Oberflächennetzes des hier untersuchten erweiterten FEM/BEM-Modells definiert ist. Um die Effizienz dieser Fläche interpretieren zu können und auch um z.B. anschließend ein optimiertes Werkzeugdesign anfertigen lassen zu können, ist es erforderlich ein geglättetes Geometriemodell des optimierten Zustands zu generieren.

Die Software TOSCA Structure.shape bietet im Rahmen des *Postprocessings* die Möglichkeit glatte Isoflächen des optimierten Designbereichs zu generieren und liefert zudem einen automatisierten Export der optimierten Oberfläche in verschiedene Dateiformate. TOSCA Structure.shape ermöglicht beispielsweise den Transfer des optimierten Designbereichs in CAD-lesbare Formate wie das Initial Graphics Exchange Specification (IGES) und das Surface Tesselation Language (STL) Format. Somit konnte das im Stand der Erkenntnisse erwähnte Defizit bezüglich des bisher unzureichend realisierten Transfers der Ergebnisse an die CAD-Umgebung zwecks Flächenrückführung mit der hier verwendeten Methodik zur numerischen Gestaltoptimierung ausgeräumt werden.

Bild 6.11 zeigt die Ausgangsgeometrie der Untermatrize sowie die optimierte Werkzeuggeometrie in der CAD-Umgebung der Software SolidWorks. Hierzu wurde die optimierte Oberfläche in das IGES-Format exportiert. In der Schnittansicht ist deutlich zu erkennen, wie der im Ausgangszustand konstante Radius der Fließpressschulter von 2,5 mm durch die numerische Gestaltoptimierung in eine adaptive Freiformfläche ohne die Bildung einer Hinterschneidung im Übergang zu dem unteren Schaftdurchmesser überführt wurde.

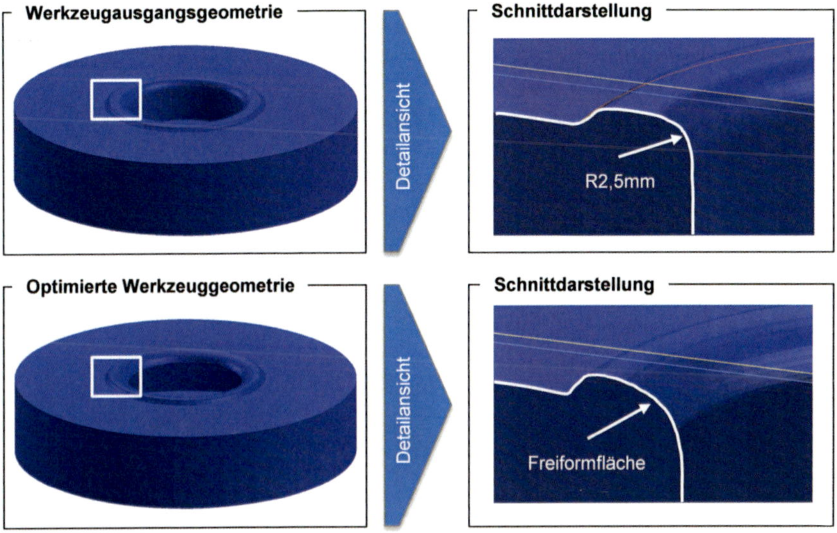

Bild 6.11: Vergleich der Ausgangsgeometrie der Untermatrize sowie der optimierte Werkzeuggeometrie in der CAD-Umgebung der Software SolidWorks

Comparison of the initial and the optimized tool geometry of the lower die in the CAD-environment of SolidWorks

6.4.3 Numerische Validierung des Optimierungsergebnisses

Numerical validation of the optimization result

Neben dem Transfer der optimierten Oberfläche in CAD-lesbare Formate ist ebenfalls ein Export des Optimierungsergebnisses in Form der Knotenkoordinaten der durch die Gestaltoptimierung modifizierten und anschließend geglätteten Oberfläche des Designbereichs in eine Abaqus *Input* Datei vorgesehen. Dies ermöglicht eine numerische Validierung des Optimierungsergebnisses. Hierzu wurde eine erneute Prozesssimulation des gestaltoptimierten, erweiterten FEM/BEM-Modells mit Modellierung des elastischen Maschinenverhaltens in Abaqus durchgeführt. Alle vorherigen Simulationsparameter, wie z.B. Randbedingungen und Diskretisierung, wurden dabei konstant gehalten, um eine direkte Vergleichbarkeit zu gewährleisten. Die einzige Modifikation stellte somit die modifizierte Geometrie der Fließpressschulter der Untermatrize dar. Der Einfluss der geglätteten, optimierten Werkzeuggeometrie im Bereich der Fließpressschulter auf die numerischen Ergebnisse der Prozesssimulation des Querfließpressprozesses wird im Folgenden beschrieben und diskutiert. Hierzu werden insbesondere die Effekte der Optimierung auf die Spannungen in der Untermatrize, den Prozesskraftverlauf, die Werkstückendgeometrie sowie die radialen, elastischen Werkzeugdehnungen analysiert und erklärt.

Den Vergleich der resultierenden Spannungsverteilung bezüglich der Vergleichsspannung nach von Mises zwischen der Ausgangsgeometrie und der optimierten Geometrie der Untermatrize zeigt Bild 6.12. Durch die identische Skalierung der von Mises Spannung und die Auswertung der Prozesssimulationen am Ende des Querfließpressprozesses wurde die Vergleichbarkeit der Spannungsverteilungen gewährleistet. Die qualitative Gegenüberstellung zeigt, dass durch die numerische Gestaltoptimierung die Spannungsbelastung der Untermatrize deutlich reduziert wurde.

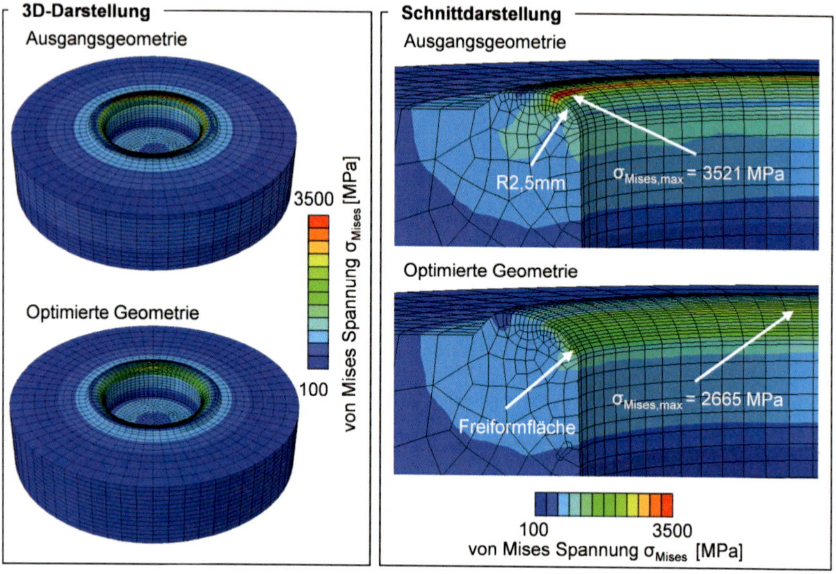

Bild 6.12: Vergleich der Spannungsverteilung in der Untermatrize zwischen der Ausgangsgeometrie und der optimierten Werkzeuggeometrie

Comparison of the stress distribution in the lower die between the initial and optimized tool geometry

Für die Ausgangsgeometrie der Fließpressschulter in Form des konstanten Radius von 2,5 mm beträgt der Maximalwert der Spannungsbelastung $\sigma_{Mises,max}$ = 3521 MPa. Die Bereiche der maximalen Spannungsbelastung bilden sich linienförmig über dem gesamten Umfang der Fließpressschulter aus. Dahingegen weist die Spannungsbelastung der optimierten Fließpressschulter in Form einer Freiformfläche lediglich einen maximalen Wert von $\sigma_{Mises,max}$ = 2665 MPa auf. Weiterhin treten die Bereiche mit maximaler Spannungsbelastung nur noch Abschnittsweise auf. Dies kann als ein Hinweis auf die Modellierung der Wechselwirkungen zwischen dem Werkzeug und dem elastischen Maschinenverhalten gedeutet werden, welche ebenfalls zu einer Beeinflussung des Optimierungsergebnisses geführt haben. Auch durch eine geringfügige elastische Verkippung der Maschine kommt es zu einer asymmetrischen Werkzeugbelastung und somit auch zu einer asymmetrischen optimierten Geometrie. Aus dem Vergleich der beiden 3D-Darstellungen wird zudem ersichtlich, dass die

Spannungsbelastung der optimierten Werkzeuggeometrie weniger weitreichend als die des Ausgangszustands ist. Durch die numerische Gestaltoptimierung konnte demnach der maximale Vergleichsspannungswert nach von Mises in der Fließpressschulter um 856 MPa reduziert werden. Dies entspricht einem prozentualen Anteil von 24,3 %, bezogen auf den Referenzwert der Ausgangsgeometrie und stellt somit eine signifikante Reduzierung der mechanischen Spannungsbelastung der Untermatrize dar. Der Vergleich der beiden Schnittdarstellungen zeigt außerdem sehr deutlich den Homogenisierungseffekt der Spannungsbelastung in der Fließpressschulter, welcher durch die numerische Gestaltoptimierung auf Basis des regelbasierten Optimierungsalgorithmus hervorgerufen wird. Während bei der Ausgangsgeometrie der Anfangsbereich der Fließpressschulter deutlich geringer belastet wird als der mittlere Bereich, lässt sich bei der optimierten Geometrie eine nahezu konstante Spannungsbelastung beobachten.

Zur Untersuchung des Einflusses der Gestaltoptimierung auf den Prozesskraftverlauf erfolgte ein Vergleich zwischen den Prozesssimulationen mit Ausgangsgeometrie und mit optimierter Geometrie der Fließpressschulter, siehe Bild 6.13. Generell lässt sich beobachten, dass beide Verläufe der Prozesskraft deutliche Schwankungen aufweisen. Dieser Effekt ist durch die Verwendung des *Mass scaling* Faktors zu erklären. Dieser modifiziert die Dichte und somit die Steifigkeit des elastischen Stempels an dem die Prozesskraft ausgewertet wird. Darüber hinaus kann keine signifikante Beeinflussung des Prozesskraftverlaufs durch die Gestaltoptimierung festgestellt werden. Hieraus lässt sich schließen, dass aus der Spannungsoptimierung der Kontaktzone keine beobachtbare Beeinflussung der Prozesskraft, z.B. durch Erhöhung der Reibung im Werkstück-Werkzeug-Kontaktbereich, resultiert.

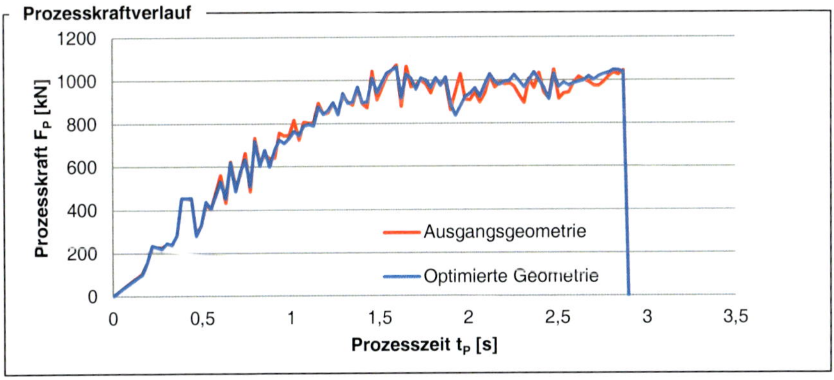

Bild 6.13: Vergleich der Prozesskraftverläufe zwischen der Ausgangsgeometrie und der optimierten Werkzeuggeometrie

Comparison of the process force characteristic between the initial and optimized tool geometry

Weiterhin wurde der Einfluss der Gestaltoptimierung der Fließpressschulter auf die Werkstückendgeometrie untersucht. Es wird ersichtlich, dass keine maßgebliche

Veränderung der Werkstückcharakteristik aus der Spannungsoptimierung der Fließpressschulter resultiert, siehe Bild 6.14. Es lässt sich lediglich eine Abflachung des Übergangs zwischen Schaft- und Kragendurchmesser beobachten. Die Schnittdarstellung zeigt des Weiteren, dass durch die Gestaltoptimierung eine geringe Beeinflussung der Spannungsverteilung im Werkstück am Ende des Querfließpressprozesses erfolgt ist. Durch die Homogenisierung der Spannungen im Werkstück-Werkzeug-Kontakt resultiert auch im Werkstückinneren eine Beeinflussung der maximalen Spannungsbelastung im Bereich der Fließpressschulter der Untermatrize. Dieser Spannungsbereich wird durch die Optimierung geringfügig in Richtung Werkstückunterseite verschoben, bis im Bereich des unteren Schaftdurchmessers die Spannungsbereiche wieder nahezu identisch verlaufen. Der maximale Wert der Vergleichsspannung nach von Mises in der Werkstückendgeometrie wurde zusätzlich durch die numerische Gestaltoptimierung um 10 MPa reduziert.

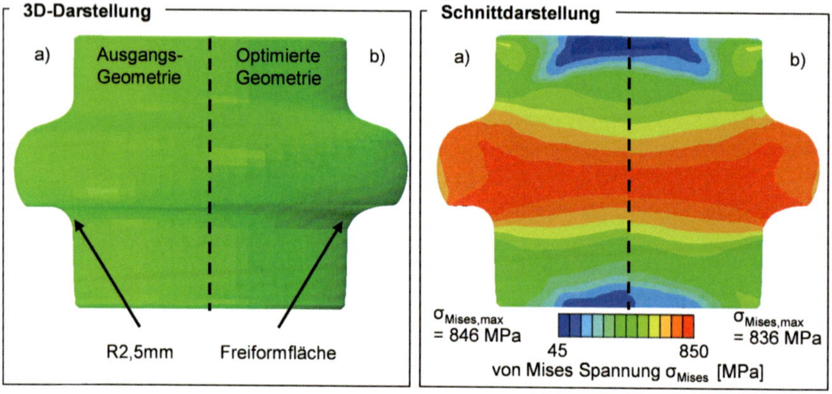

Bild 6.14: Vergleich der Werkstückendgeometrie zwischen der Ausgangsgeometrie und der optimierten Werkzeuggeometrie

Comparison of the final workpiece geometry between the initial and optimized tool geometry

Der Vergleich zwischen den radialen, elastischen Dehnungen an der Untermatrize zwischen der Ausgangsgeometrie und der optimierten Werkzeuggeometrie ist in Bild 6.15 dargestellt. Es lässt sich zunächst feststellen, dass bei beiden Prozesssimulationen keine Unterschiede zwischen den ermittelten Dehnungen an den vier verschiedenen Messpositionen gemäß der Definition in Bild 4.13 vorne, hinten, links und rechts bestehen. Weiterhin kann zu Beginn des Querfließpressprozesses bei der Ausgangsgeometrie ein stärkerer Anstieg der radialen, elastischen Dehnung als bei der optimierten Geometrie beobachtet werden. Das Dehnungsmaximum wird so bei der geometrieoptimierten Fließpressschulter ebenfalls später erreicht. Bezüglich seines Werts liegt es zudem insgesamt etwas höher als der, mit der Ausgangsgeometrie maximal erreichte Dehnungswert. Die beobachteten Effekte lassen sich durch die, mittels der numerischen Gestaltoptimierung erzielten Reduzierung und Homogenisierung der Spannungen im Werkzeug erklären. Der verzögerte Anstieg der radialen, elastischen Dehnung bei der optimierten Geometrie ist das Resultat der Spannungsreduzierung durch die gestaltoptimierte Kontaktzone. Durch die Homogenisierung werden jedoch nun auch die Bereiche am Ende der Fließpressschulter geringfügig höher belastet als zuvor. Diese Bereiche liegen näher an den Messstellen für die radiale, elastischen Dehnung, was zu der beobachteten Erhöhung des maximalen Dehnungswerts führt.

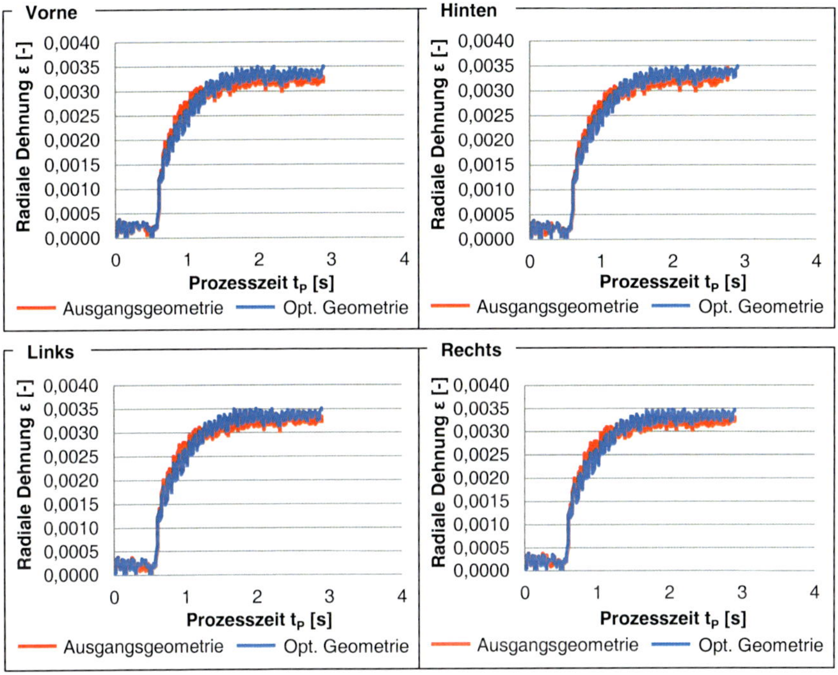

Bild 6.15: Vergleich der radialen, elastischen Dehnungen zwischen der Ausgangsgeometrie und der optimierten Werkzeuggeometrie

Comparison of radial elastic strains between the initial and optimized tool geometry

6.5 Vorgehensweise zur Kompensation der belastungsinduzierten geometrischen Werkstückabweichungen

Approach for the compensation of load induced workpiece deviations

Mechanische Werkzeugbelastungen in Form von Spannungen führen immer zu einer elastischen Werkzeugdehnung und somit zu Fertigungsungenauigkeiten bei den kaltumgeformten Werkstücken. Die Präzisionsumformung von net-shape Bauteilen mit einer erhöhten geometrischen Genauigkeit durch die Kompensation der erwarteten Werkzeugverformungen in der Werkzeugauslegungsphase ist ein Ansatz zur Reduktion dieser belastungsinduzierten geometrischen Werkstückabweichungen. Für die net-shape Fertigung ist allerdings ein grundlegendes Verständnis über die belastungsabhängigen geometrischen Zusammenhänge zwischen Werkstück, Werkzeug und Maschine erforderlich. Die elastische Werkzeugdehnung hängt dabei direkt von der Spannungsbelastung des Werkzeugs ab. Durch die numerische Gestaltoptimierung mit dem Ziel der Spannungsminimierung im Werkzeug wird auch gleichzeitig die elastische Dehnung des Werkzeugs in dem optimierten Bereich beeinflusst. Durch eine Reduzierung der Spannungsbelastung können auch die elastischen Werkzeugdehnungen verringert und somit die Werkstückgenauigkeit erhöht werden.

Bild 6.16 zeigt den Vergleich der radialen Verschiebung der Knoten in der Untermatrize des FEM/BEM-Modells am Ende des Querfließpressprozesses zwischen der Ausgangsgeometrie der Fließpressschulter und der optimierten Werkzeuggeometrie. Es lässt sich feststellen, dass die numerische Gestaltoptimierung hier zu keiner Beeinflussung der maximalen radialen Verschiebungswerte geführt hat. Bei beiden Prozesssimulationen treten identische maximale Werte von $u_{R,max} = 0{,}035$ mm auf. In der Verteilung der radialen Verschiebungen in der Untermatrize sind jedoch geringe Abweichungen zwischen den numerischen Ergebnissen der beiden Prozesssimulationen beobachtbar. Die Homogenisierung der Spannungsbelastung durch die numerische Gestaltoptimierung der Fließpressschulter hat zu einer Veränderung der Bereiche gleicher radialer Verschiebung geführt. Bei der optimierten Geometrie reicht der Bereich der maximalen radialen Knotenverschiebung nun geringfügig tiefer in Richtung der Werkstückunterseite und weiter in die Untermatrize hinein als bei der Ausgangsgeometrie. Dies zeigt, dass die numerische Gestaltoptimierung mit dem Ziel der Spannungsminimierung auch im hier untersuchten Querfließpressprozess zu einer Beeinflussung der elastischen Dehnung der Werkzeugkontur geführt hat.

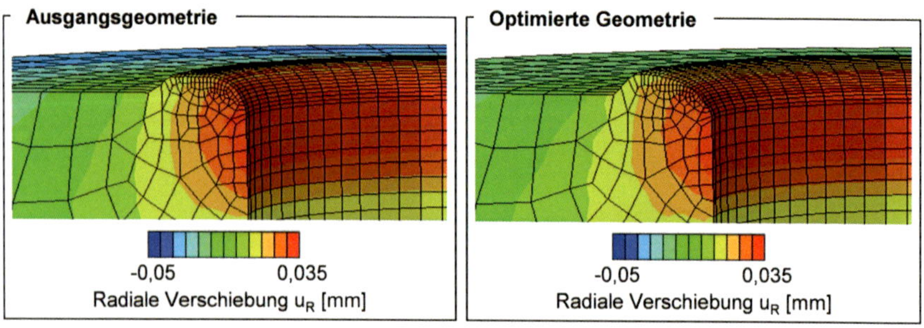

Bild 6.16: Vergleich der radialen Knotenverschiebung zwischen der Ausgangsgeometrie und der optimierten Werkzeuggeometrie

Comparison of radial nodal displacement between the initial and optimized tool geometry

Der nächste Schritt zu einer umfassenden numerischen Auslegung der Geometrie von Kaltmassivumformwerkzeugen besteht in der Anwendung eines Korrekturalgorithmus mit dem Ziel der Kompensation der Werkstückabweichungen auf Basis der numerisch ermittelten elastischen Werkzeugdehnungen. Die Kompensation der belastungsbedingten Geometrieabweichung erfolgt dabei durch eine Anpassung der Werkzeugkontur. Der Korrekturalgorithmus zur Geometriekompensation basiert auf einem Soll-Ist-Vergleich der formgebenden Werkzeugkontur. Die Ermittlung der Abweichung des Ist-Zustands zur Soll-Werkzeugkontur erfolgt anhand der numerischen Ergebnisse, z.B. aus der Prozesssimulation mit Modellierung der Werkstück-Werkzeug-Maschinen-Interaktionen. Zur Bestimmung der Abweichungen wird ein Soll-Ist-Vergleich für jeden einzelnen Knoten zwischen der durch die mechanischen Prozesslasten elastisch verformten Werkzeugkontur des Ist-Zustands und der durch die finale Werkstückgeometrie und die Prozesslasten definierte Soll-Kontur durchgeführt. Aus den Abweichungen wird anschließend, durch Addition des Versatzes auf die Ist-Kontur, die unbelastete, kompensierte Werkzeugkontur ermittelt, siehe Bild 6.17. Der konkrete Versatz für jeden einzelnen Knoten ist aufgrund der lokal variierenden Wechselwirkungen zwischen Werkstück, Werkzeug und Maschine unterschiedlich. Zusätzlich zu dem Ausgleich der radialen, elastischen Werkzeugdehnungen ist mit der hier erforschten FEM/BEM-Simulationsmethodik mit Modellierung der Werkstück-Werkzeug-Maschinen-Interaktionen auch die Kompensation des durch die Verlagerung und Kippungen der Maschine eingebrachten asymmetrischen Höhenverlaufs der Werkstückendgeometrie möglich. Dies ist durch eine entsprechende Anpassung der Stempelgeometrie realisierbar.

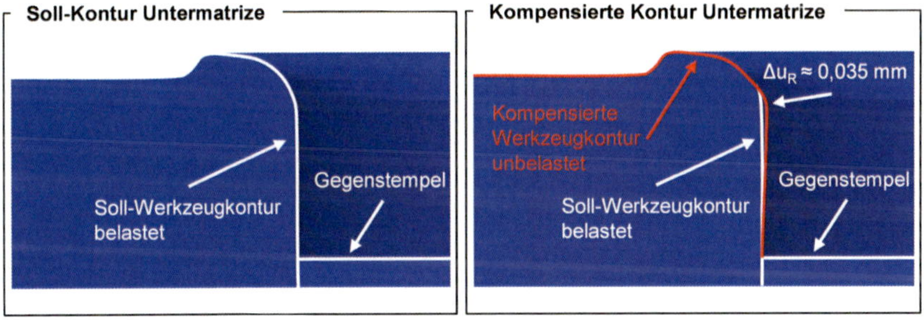

Bild 6.17: Kompensation der elastischen Werkzeugdehnungen durch Versatz der formgebenden Werkzeugkontur

Compensation of the elastic tool deformations by offset of the shaping tool contour

Die Kompensation der geometrischen Werkstückabweichungen durch einen Versatz der Oberflächenknoten in positiver Normalenrichtung zur Oberfläche führt allerdings wiederum zu einer Erhöhung der Spannungen im Werkstück-Werkzeug-Kontakt. Daher ist nach erfolgter Kompensation der belastungsinduzierten Werkstückabweichungen anschließend wieder eine numerische Gestaltoptimierung zur Spannungsminimierung erforderlich. Verbleiben nach der Gestaltoptimierung weiterhin Abweichungen zur Soll-Kontur ist eine iterative Wiederholung des Zyklus erforderlich. Häufig wird eine reine Kompensation der Geometrieabweichungen durchgeführt. Dieses Vorgehen ist allerdings aufgrund der durch die Kompensation gesteigerten Spannungsbelastung kein umfassender Ansatz. Die hier erforschte Simulationsmethodik ermöglicht somit erstmalig eine komplexe Optimierung der Werkzeuggeometrie für die Kaltmassivumformung, basierend auf der numerischen Modellierung der Werkstück-Werkzeug-Maschinen-Interaktionen. Der umfassende Ansatz bietet den Mehrwert der vollständigen numerischen Auslegung der Werkzeugkontur zur Erreichung einer signifikant gesteigerten Genauigkeit der gesamten Werkstückendgeometrie.

6.6 Zwischenfazit und Verifikation der dritten Unterthese

Preliminary conclusions and verification of the third subthesis

Zusammenfassend wird festgestellt, dass durch die Integration der FEM/BEM-Simulationsmethodik in eine numerische Gestaltoptimierung eine umfassende und zeiteffiziente Auslegung der Geometrie von Kaltmassivumformwerkzeugen ermöglicht wird. Hierzu erfolgte zunächst eine Beschreibung des Einsatzbereichs der numerischen Gestaltoptimierung sowie des theoretischen Hintergrunds des verwendeten regelbasierten Optimierungsalgorithmus. Die Gestaltoptimierung ermöglicht die spezifische Optimierung von Geometriedetails eines bereits existierenden Designs. Durch sie wird die Oberflächengeometrie automatisiert angepasst, um z.B. Werkstoffversagen entgegen zu wirken oder die Lebensdauer einer Komponente zu erhöhen. Wichtigstes Merkmal des regelbasierten Optimierungsalgorithmus ist die Designregel, welche die Richtung der Knotenverschiebung in Abhängigkeit der Höhe des vorliegenden Spannungswerts im Vergleich zum Referenzwert definiert. Anschließend erfolgte die Integration der um die Werkstück-Werkzeug-Maschinen-Interaktionen erweiterten FEM/BEM-Simulationsmethodik in die numerische Gestaltoptimierung durch die manuelle Konvertierung der Definitionen des Abaqus User-Elements in das *flat* Format. Mit dem Ziel der Minimierung und Homogenisierung der Spannungen im Werkstück-Werkzeug-Kontakt des Querfließpressprozesses wurde eine Gestaltoptimierung mit der Software TOSCA Structure.shape durchgeführt. Hierzu waren geringfügige Adaptionen des numerischen Modells erforderlich. Zwecks Reduzierung der Rechenzeit wurde ein *Mass scaling* Faktor von neun definiert. Weiterhin erfolgte die Definition des Designbereichs, die Festlegung der Randbedingungen, die Aufstellung der Zielfunktion und der Optimierungsrestriktionen für die Optimierungsaufgabe. Die Ergebnisse der numerischen Gestaltoptimierung wurden anhand des Optimierungsgrößenverlaufs, der resultierenden Knotenverschiebung, der Geometrieglättung und der numerischen Validierung des Ergebnisses analysiert und diskutiert. Durch die Gestaltoptimierung der Fließpressschulter konnte der maximale Vergleichsspannungswert nach von Mises um 856 MPa reduziert werden. Dies stellt einen prozentualen Anteil von 24,3 % bezogen auf den Referenzwert der Ausgangsgeometrie und somit eine signifikante Reduzierung der mechanischen Spannungsbelastung der Untermatrize dar. Zudem wurden die Effekte der numerischen Optimierung auf den Prozesskraftverlauf, die Werkstückendgeometrie sowie die radialen, elastischen Werkzeugdehnungen analysiert und erklärt. Weiterhin wurde die Anwendung der erforschten Simulationsmethodik zur iterativen Korrektur von belastungsinduzierten Werkstückabweichungen diskutiert. Damit ist die in dieser Arbeit postulierte dritte Unterthese verifiziert.

7 Verifikation der Forschungshypothese

Verification of the research hypothesis

Die methodischen Untersuchungen im Rahmen dieser Dissertation basieren auf den in Kapitel 3 formulierten drei Unterthesen, welche in den einzelnen Kapiteln behandelt wurden. Zur Verifikation der übergeordneten Forschungshypothese werden die in den Kapiteln gewonnenen Erkenntnisse zusammengeführt.

Die erforschte FEM/BEM-Simulationsmethodik stellt eine zeiteffiziente Berechnungsmethode zur präzisen Vorhersage der mechanischen Werkzeugbelastungen für einen Querfließpressprozess mittels gekoppelter, dreidimensionaler Modellierung des gesamten Werkzeugsystems dar.

Durch die zusätzliche analytische Modellierung des elastischen, quasistatischen Maschinenverhaltens in der numerischen Prozesssimulation wird eine Erhöhung der Abbildungsgenauigkeit erreicht.

Die Integration der FEM/BEM-Simulationsmethodik in eine numerische Gestaltoptimierung ermöglicht eine umfassende und zeiteffiziente Auslegung der Geometrie von Kaltmassivumformwerkzeugen.

Die zur erfolgreichen Verifikation der drei Unterthesen gesammelten wissenschaftlichen Erkenntnisse ermöglichen die zeiteffiziente und belastungsgerechte Geometrieauslegung von Kaltmassivumformwerkzeugen. Anhand dieses grundlegenden Erkenntnisgewinns konnten die derzeitigen wissenschaftlichen Defizite ausgeräumt werden womit die in Kapitel 3 postulierte, übergeordnete Forschungshypothese:

Eine zeiteffiziente und belastungsgerechte Geometrieauslegung von Kaltmassivumformwerkzeugen lässt sich durch eine numerische Gestaltoptimierung basierend auf einer FEM/BEM-Simulationsmethodik erreichen, welche eine dreidimensionale Modellierung des Werkzeugsystems sowie ein analytisches, quasistatisches Maschinenmodell umfasst.

verifiziert ist.

8 Zusammenfassung und Ausblick

Summary and Outlook

Aktuelle technologische Entwicklungen erfordern kaltmassivumgeformte Bauteile mit geringer Masse und hoher Energie- und Werkstoffeffizienz. Zur Erreichung dieser Ziele werden hochfeste Werkstückwerkstoffe und komplexe Geometrien eingesetzt. Dies resultiert allerdings in einem Anstieg der Prozesskräfte und infolge dessen in erhöhten mechanischen Werkzeugbelastungen und gesteigerten elastischen Werkzeug- und Maschinenverformungen. Leichtbaudesign intensiviert daher die bereits existierende Problematik der hohen Werkzeugbelastungen in der Kaltmassivumformung. Hieraus ergibt sich eine signifikante Reduktion der Standmenge durch verfrühtes Versagen. Die Kenntnis der mechanischen Werkzeugbelastungen während eines Kaltmassivumformprozesses, z.B. durch numerische Prozesssimulationen, ermöglicht die Reduzierung dieser durch eine belastungsgerechte Auslegung der Werkzeuggeometrie. Weiterhin resultieren aus den mechanischen Werkzeugbelastungen Abweichungen in der Werkstückgeometrie infolge der elastischen Werkzeug- und Maschinenverformungen. Für die net-shape Fertigung ist daher ein systematisches Verständnis über die geometrischen Abhängigkeiten zwischen Maschinenverhalten, formgebenden Umformwerkzeug und resultierender Werkstückgeometrie erforderlich. Grundsätzlich kann eine optimale Werkzeuggeometrie mit Hilfe von mathematischen Algorithmen berechnet werden. Deren Anwendung zur Auslegung von Werkzeugen weist jedoch derzeit zwei Defizite auf. Erstens wird für die Berechnung der Werkzeugbelastungen vor allem die FEM verwendet. Diese Methode erfordert einen hohen Rechenaufwand für die direkte Berechnung der Werkstück-Werkzeug-Interaktion und macht hierdurch eine iterative Optimierung ineffizient. Zweitens wird aufgrund der Komplexität und der ebenfalls hohen Rechenzeiten der Maschineneinfluss auf die Werkzeugbelastungen meist nicht berücksichtigt. Dadurch weisen die Eingangsgrößen der Optimierung bereits Ungenauigkeiten auf. Gegenstand dieser Dissertation ist daher die Erforschung einer zeiteffizienten, numerischen Simulationsmethode basierend auf einem umfassenden Modellierungsansatz zur Ermöglichung einer belastungsgerechten Auslegung der Geometrie von Kaltmassivumformwerkzeugen. Durch eine iterative Werkzeuggestaltoptimierung lässt sich die Werkzeugstandmenge und die Werkstückgenauigkeit steigern.

Um die derzeitigen wissenschaftlichen Defizite auszuräumen, liegt der Dissertation eine übergeordnete Forschungshypothese zugrunde. Basierend auf der Forschungshypothese wurden drei Unterthesen formuliert, welche in einzelnen Kapiteln untersucht wurden. Die Verifikation der einzelnen Unterthesen erfolgte empirisch-analytisch durch Beschreibung und Erklärung von Zusammenhängen, Erkenntnissen und Beobachtungen aus Experimenten und numerischen Prozesssimulationen.

Zur Verifikation der ersten Unterthese wurde zunächst erstmalig die Kombination von FEM und FSM zu einer integrierten Lösungsprozedur untersucht. Weiterhin erfolgte eine Evaluierung der neu entwickelten FEM/FSM-Simulationsmethodik anhand eines Modellproblems. Es zeigte sich, dass bei gleichbleibender Abbildungsgenauigkeit durch die FEM/FSM-Simulationsmethodik die Rechenzeit zur Aufstellung der Steifigkeitsmatrix unabhängig von der Anzahl der Freiheitsgrade des Problems signifikant um den Faktor 11,3 gegenüber der FEM/BEM-Simulationsmethodik reduziert werden konnte. Es konnte jedoch keine Definition der erforderlichen Kollokations- und Singularitätspunkte für komplexe, dreidimensionale Geometrien, wie z.B. einer industriellen Werkzeuggeometrie, realisiert werden, welche zu einer stabilen Prozesssimulation mit der FEM/FSM-Simulationsmethodik führte. Daher wurde nachfolgend die zeiteffiziente Simulation von Werkzeugbelastungen anhand eines kombinierten FEM/BEM-Simulationsmodells eines Querfließpressprozesses untersucht. Ein Vergleich der realen Rechenzeit gegenüber einem konventionellen FEM-Modell belegte die Zeiteffizienz der weiterentwickelten FEM/BEM-Methodik. Gegenüber dem konventionellen FEM-Modell konnte eine Reduzierung der Rechenzeit um den Faktor 2,3 beziehungsweise 2,65 (ohne Berechnung der BEM-Steifigkeitsmatrix) erreicht werden. Der Vergleich von Experiment und Simulation bewies zudem die Validität der numerischen Ergebnisse des FEM/BEM-Modells. Zusammenfassend kann daher festgestellt werden, dass die FEM/BEM-Simulationsmethodik eine zeiteffiziente Berechnungsmethode zur präzisen Vorhersage der mechanischen Werkzeugbelastungen für einen Querfließpressprozess mittels gekoppelter, dreidimensionaler Modellierung des gesamten Werkzeugsystems darstellt. Damit wurde die in dieser Arbeit postulierte erste Unterthese verifiziert.

Zur Verifikation der zweiten Unterthese wurde ein analytisches Modell des quasistatischen, elastischen Maschinenverhaltens auf Basis von empirischen Stauchversuchen aufgestellt. Wichtigste Kenngrößen zur Modellierung des Maschinenverhaltens sind die Steifigkeit in Arbeitsrichtung und die vier Kippsteifigkeiten. Anschließend erfolgte die Integration des analytischen Maschinenmodells in die erweiterte FEM/BEM-Prozesssimulation des Querfließpressens. Das erweiterte FEM/BEM-Modell mit Maschinenmodell ermöglicht eine umfassende Prozesssimulation mit direkter Modellierung der Werkstück-Werkzeug-Maschinen-Interaktionen. Die Validierung der Genauigkeitssteigerung erfolgte durch den Vergleich von numerischen Ergebnissen mit und ohne Maschinenmodell sowie experimentellen Ergebnissen. Zunächst wurde die Steigerung der Abbildungsgenauigkeit durch die zusätzliche Modellierung des elastischen Maschinenverhaltens mittels der verwendeten Konnektorelemente für die abgeleitete FEM-Prozesssimulation des Stauchprozesses zur Ermittlung der Steifigkeitskennwerte eindeutig nachgewiesen. Im Gegensatz zu der Simulation ohne Maschinenmodell ermöglichte auch die Modellierung des Querfließpressprozesses durch das erweiterte FEM/BEM-Modell mit Maschinenmodell eine genauere Abbildung der Realität bezüglich des asymmetrischen Werkstückhöhenverlaufs. Zusammenfassend kann daher festgestellt werden, dass durch die zusätzliche direkte, analytische Modellierung des elastischen, quasistatischen Maschinenverhaltens in der Prozesssimulation eine Erhöhung der Abbildungsgenauigkeit erreicht wird. Damit wurde die in dieser Arbeit postulierte zweite Unterthese verifiziert.

Zur Verifikation der dritten Unterthese erfolgte die Integration der um die Werkstück-Werkzeug-Maschinen-Interaktionen erweiterten FEM/BEM-Simulationsmethodik in eine numerische Gestaltoptimierung. Mit dem Ziel der Minimierung und Homogenisierung der Spannungen im Werkstück-Werkzeug-Kontakt wurde eine Gestaltoptimierung durchgeführt. Die Definition der Optimierungsaufgabe erfolgte durch Festlegung des Designbereichs und der Randbedingungen sowie der Aufstellung der Zielfunktion und der Optimierungsrestriktionen. Durch die Gestaltoptimierung der Fließpressschulter konnte der maximale Vergleichsspannungswert nach von Mises um 856 MPa reduziert werden. Dies stellt einen prozentualen Anteil von 24,3 % bezogen auf den Referenzwert der Ausgangsgeometrie und somit eine signifikante Reduzierung der mechanischen Spannungsbelastung der Untermatrize dar. Zudem wurden die Effekte der numerischen Optimierung auf den Prozesskraftverlauf, die Werkstückendgeometrie sowie die radialen, elastischen Werkzeugdehnungen analysiert und erklärt. Weiterhin wurde die Anwendung der FEM/BEM-Simulationsmethodik zur iterativen Korrektur von belastungsinduzierten Werkstückabweichungen diskutiert. Zusammenfassend kann festgestellt werden, dass durch die Integration der FEM/BEM-Simulationsmethodik in eine numerische Gestaltoptimierung eine umfassende und zeiteffiziente Auslegung der Geometrie von Kaltmassivumformwerkzeugen ermöglicht wird. Damit wurde die in dieser Arbeit postulierte dritte Unterthese verifiziert.

Für die Verifikation der übergeordneten Forschungshypothese wurde gezeigt, dass die zur Verifikation der drei Unterthesen erzielten wissenschaftlichen Erkenntnisse die zeiteffiziente und belastungsgerechte Geometrieauslegung von Kaltmassivumformwerkzeugen ermöglichen. Damit ist das Ziel dieser Dissertation erreicht.

Abschließend wird ein Ausblick zur weiteren Erforschung der untersuchten Simulationsmethodiken formuliert. Für die FEM/FSM-Simulationsmethodik muss eine stabile a priori Definition der Kollokations- und Singularitätspunkte auch für komplexe Geometrien, wie z.B. eine Werkzeuggeometrie, realisiert werden. Die FEM/BEM-Simulationsmethodik lässt sich neben der Kaltmassivumformung auch für die Erklärung der Wirkmechanismen weiterer umformtechnischer Prozesse, wie z.B. das Gesenkschmieden, einsetzen. Hierzu muss die Modellierung des Temperatureinflusses auf das BEM-Gebiet ermöglicht werden. Zudem können weitere numerische Methoden mit dem Ziel der Steigerung der Zeiteffizienz mit der FEM kombiniert werden. Das Potenzial der FEM/BEM-Simulationsmethodik mit elastischem Maschinenmodell wurde bereits anhand des hier untersuchten Stauch- und Querfließpressprozesses ersichtlich. Eine noch deutlichere Genauigkeitssteigerung wird aufgrund der erzielten Erkenntnisse bei komplexeren Kaltmassivumformprozessen mit z.B. asymmetrischen Werkstückgeometrien sowie bei offenen Werkzeugen, wie z.B. bei einem Gesenkschmiedeprozess, erwartet. Ebenfalls bei einer außermittigen Werkzeugpositionierung, wie sie z.B. bei mehrstufigen Prozessen der Fall ist, wird ein noch höherer Effekt angenommen. Eine weitere Steigerung der Abbildungsgenauigkeit kann zudem durch die zusätzliche Modellierung der Anfangsverlagerung sowie der Anfangskippung erreicht werden. Für die Weiterentwicklung einer umfassenden Geometrieauslegung von Kaltmassivumformwerkzeugen kann eine iterative Kombination von numerischer Gestaltoptimierung und Korrekturalgorithmus zur Kompensation der belastungsinduzierten Werkstückabweichungen umgesetzt werden.

Summary and Outlook

Zusammenfassung und Ausblick

Current technological developments require cold forged parts with low mass and high energy- and material-efficiency. To achieve these aims high strength workpiece materials and complex geometries are used. This results in a process force increase and subsequently in higher mechanical tool loads as well as elastic tool and press deformations. Lightweight design intensifies the already existing complex of problems regarding high tool loads in cold forging. This results in a significant reduction of tool life time due to early tool failure. The knowledge of the mechanical tool loads during a cold forging process, e.g. derived by numerical process simulation, enables their reduction by a load-dependent design of the tool geometry. Furthermore, mechanical tool loads lead to deviations of the workpiece geometry caused by the elastic tool and machine deformations. Net-shape manufacturing requires a systematic understanding of the geometrical interactions between the machine behavior, the shaping forming tool and the resulting workpiece. In general, the optimal tool geometry can be computed by means of mathematical algorithms. Their use for the optimization of forming tools currently features two deficits. Firstly, the computation of tool loads is mostly performed by means of the FEM. This method requires high computational effort for the direct computation of tool-workpiece-interactions and thus renders an iterative optimization inefficient. Secondly, due to complexity and high computation time one often omits the influence of machine behavior on tool loads. Therefore, the input information for the optimization already contains inaccuracies. The subject of this dissertation is the research of a time-efficient, numerical simulation method based on an extensive model approach to enable a load-dependent design of cold forging tool geometries. By means of the iterative tool shape optimization the tool life time and the accuracy of the workpiece geometry can be increased.

In order to overcome the current scientific deficits, the superior research hypothesis is taken as a basis for the dissertation. Based on the research hypothesis three subtheses were formulated, which were researched in single chapters. The verification of the single subtheses was carried out empirically-analytically by description and explanation of interrelationships, findings and observations from experiments and numerical process simulations.

For the verification of the first subthesis, a combination of FEM and FSM to an integrated solution procedure was investigated for the first time. Furthermore, an evaluation of the newly developed FEM/FSM-simulation methodology was carried out for a model problem. It was shown, that at a constant solution accuracy the calculation time for the generation of the stiffness matrix by the FEM/FSM-simulation methodology was significantly reduced independently from the number of degrees of freedom of the problem by the factor 11,3 as compared with the FEM/BEM-simulation methodology. However, it was not possible to realize a definition of the required collocation and singular points for complex, three-dimensional geometries, e.g. an industrial tool geometry, which allowed for a stable process simulation with the FEM/FSM-simulation methodology. Thus, the time-efficient simulation of tool loads was subsequently carried out by means of a combined FEM/BEM-simulation model for a lateral extrusion process. A comparison of the real computation time of a conventional FEM-model with the enhanced FEM/BEM-simulation methodology proved the time-efficiency of the latter. Compared to the conventional FEM-model a reduction of calculation time by factor 2,3 respectively 2,65 (without calculation of the BEM stiffness matrix) was achieved. The comparison of experiment and simulation also proved the validity of the numerical results and the FEM/BEM-model. In summary, it can be stated that the FEM/BEM-simulation methodology represents a time-efficient calculation method for the precise prediction of mechanical tool loads for a lateral extrusion process by coupled, three-dimensional modeling of the complete tool system. Thereby, the first subthesis postulated in this work was verified.

For the verification of the second subthesis, an analytical model of the quasi-static, elastic machine behavior was generated based on empirical compression tests. The most important parameters for the modeling of the machine behavior are the stiffness in working direction and the four tilt stiffnesses. An integration of the analytical machine model into the enhanced FEM/BEM-process simulation of the lateral extrusion process was carried out. The enhanced FEM/BEM-model with the machine model enables an extensive process simulation with direct modelling of the workpiece-tool-machine-interactions. The validation of the accuracy increase was carried out by a comparison of numerical results with and without machine model as well as experimental results. At first, an increase in reproduction accuracy by the additional modeling of the elastic machine behavior, realized through the usage of connector elements, was clearly proved for the derived FEM-model of the compression test used for the determination of the machine stiffness parameters. In contrast to the simulation without machine model, the modelling of the lateral extrusion process by the enhanced FEM/BEM-model with machine model enabled a more precise reproduction of the reality regarding the asymmetric workpiece height characteristic. In summary, it can be stated that an increase of the reproduction accuracy is achieved by means of the additional, direct, analytical modelling of the elastic, quasi-static machine behavior in the simulation model. Thereby, the second subthesis postulated in this work was verified.

For the verification of the third subthesis, the FEM/BEM-simulation methodology enhanced by the workpiece-tool-machine-interactions was integrated into a numerical shape optimization. A shape optimization was carried out with the aim to minimize and homogenize the stresses in the workpiece-tool-contact. The definition of the optimization task was accomplished by definition of the design area and the boundary conditions as well as the objective function and the optimization restrictions. By means of shape optimization of the die shoulder the maximal equivalent stress according to von Mises was reduced by 856 MPa. This corresponds to a relative reduction of 24,3 % as compared with the initial geometry. Thus, a significant reduction of the mechanical load in the lower die was achieved. Furthermore, the effects of the numerical optimization on the process force characteristic, the final workpiece geometry as well as the radial, elastic tool strain were analyzed and explained. The use of the FEM/BEM-simulation methodology for the iterative correction of load induced workpiece deviations was also discussed. In summary, it can be stated that by the integration of the FEM/BEM-simulation methodology into a numerical shape optimization an extensive and time-efficient design of cold forging tool geometries can be achieved. Thereby, the third subthesis postulated in this work was verified.

For the verification of the superior research hypothesis, it was shown that the scientific knowledge constructed for the verification of the three subtheses enables the time efficient and load dependent geometry design of cold forging tools. Thereby, the aim of this dissertation is fulfilled.

Concluding, an outlook for the further research opportunities of the investigated simulation methodologies is given. For the FEM/FSM simulation methodology a stable a priori definition of collocation and singular points has also to be realized for complex geometries, e.g. an industrial tool geometry. Besides cold forging the FEM/BEM-simulation methodology can be applied for the explanation of modes of action for further forming processes, such as drop forging. For this application the modelling of temperature influence on the BEM-domain has to be enabled. In addition, alternative numerical methods can be combined with the FEM aiming at a further time efficiency increase. The potential of the FEM/BEM-simulation methodology with elastic machine model was already evident for the investigated compression and lateral extrusion process. Based on the gained results even higher reproduction accuracy increase is expected for more complex cold forging processes with e.g. asymmetric workpiece geometry as well as processes with open tools like drop forging. Also for excentric tool positions, like e.g. at multi-stage processes, a higher effect of the machine behavior is expected. A further reproduction accuracy increase can be achieved by an additional modeling of the initial displacement and the initial tilt of the machine. For the further development of an extensive geometry design process for cold forging tools, an iterative combination of the numerical shape optimization with the correction algorithm for the compensation of load induced workpiece geometry deviations can be implemented.

9 Literaturverzeichnis

References

[ABKA12] AbKadir, A.; Othman, A.; Abdullah, A.; Ibrahim, M.; Omar, M.; Osman, M.: Prediction of Fatigue Life in Cold Forging Punch Design for Fastener Using Integrated FEA and Stress Life Approach. In: Procedia Engineering. 50. Jg., 2012, S. 505-515

[ADLO05] Adlof, W.: Potenziale massivumgeformter Bauteile. In: Schmiede Journal. 2005, S. 11-14

[AIMI12] Aimi, A.; Diligenti, M.; Guardasoni, C.; Panizzi, S.: Energetic BEM-FEM coupling for wave propagation in layered media. In: Communications in Applied and Industrial Mathematics. 3. Jg., 2012, Nr.2, S.1-21

[ALTA96] Altan, T.; Vazquez, V.: Numerical Process Simulation for Tool and Process Design in Bulk Metal Forming. In: CIRP Annals - Manufacturing Technology. 45. Jg., 1996, Nr. 2, S. 599-615

[ANSY14] ANSYS, Inc.: ANSYS Meshing Solution. Canonsburg, 2014. Firmenschrift

[ARBA05] Arbak, M.; Völkl, R.; Engel, U.: Prozesssimulation in der Kaltmassivumformung. Verbesserung der Werkzeuglebensdauer und der Arbeitsgenauigkeit durch numerische Prozesssimulation. In: wt Werkstattstechnik online. 95. Jg., 2005, Nr. 11/12, S.852-857

[ARBA12] Arbak, M.: Material Adapted Design of Cold Forging Tools Exemplified by Powder Metallurgical Tool Steels and Ceramics. Diss. Friedrich-Alexander-Universität Erlangen-Nürnberg, 2012

[AROR91] Arora, J.; Chahande, A.; Paeng, J.: Multiplier Methods for Engineering Optimization. In: International Journal for Numerical Methods in Engineering. 32. Jg., 1991, S. 1458-1525

[AWIS12] Awiszus, B.; Härtel, S.: Finite Elemente Methode. In: Hoffmann, H.; Neugebauer, R.; Spur, G. (Hrsg.): Handbuch Umformen. München: Carl Hanser, 2012, S. 54-60

[AWIS09a] Awiszus, B.; Neugebauer, R.; Kittner, K.; Popp, M.: Analyse des Querfließpressens als Analogieversuch zum Strangpressen unter besonderer Berücksichtigung der Verbundbildung zwischen Aluminium und Magnesium. In: UTFscience. 2009, Nr. 4, S. 1-18

[AWIS09b] Awiszus, B.; Kleditzsch, S.; Härtel, S.: Untersuchung numerischer Einflussgrößen bei der Simulation von Drückwalzprozessen. In: UTFscience. 2009, Nr. 2, S. 1-6

[AWIS07] Awiszus, B.; Herold, G.; Voigt, W.: Umformen. In: Awiszus, B.; Bast, J.; Dürr, H.; Matthes, K.-J. (Hrsg.): Grundlagen der Fertigungstechnik. 3. Aufl. München: Carl Hanser, 2007, S.49-122

[BAEC10] Bäcker, V.; Klocke, F.; Wegner, H.; Timmer, A.; Grzhibovskis R.; Rjasanow S.: Analysis of the deep rolling process on turbine blades using the FEM/BEM-coupling. In: IOP Conference Series. Materials Science and Engineering. 10. Jg., 2010, Nr.1, S. 1-10

[BAEC11a] Bäcker, V.; Klocke, F.; Timmer, A.; Mattfeld, P.; Schongen, F.; Grzhibovskis, R.; Rjasanow, S.: Time Efficient Numerical Tool Optimization for Wear Reduction in Deep Drawing. In: Hirt, G.; Tekkaya, A., (Hrsg.): Proceedings of 10th International Conference on Technology of Plasticity ICTP. Aachen, Deutschland, 25.- 30. September 2011. Düsseldorf: Stahleisen, 2011, S. 390-395

[BAEC11b] Bäcker, V.: Numerical Tool Optimization in Deep Drawing. Diss. RWTH Aachen University, 2011

[BANA07] Banabic, D.: Advanced Methods in Material Forming. 1. Aufl. Berlin: Springer, 2007

[BART11] Barton, G.; Barth, C.; Wohlmuth, M.; Schafstall, H.; Tannert, M.: Praxis-Orientated Modeling of Tool & Machine Elasticity in Metal Forming Processes. In: Proceedings of the 10th International Conference on Technology of Plasticity (ICPT 2011). Aachen, Germany, 25.-30. September 2011. Aachen: IBF (RWTH Aachen University), IUL (TU Dortmund), 2011, S.1270-1275

[BATH82] Bathe, K. J.: Finite Element Procedures in Engineering Analysis. (Reihe: Prentice-Hall civil engineering and engineering mechanics series). New Jersey: Prentice Hall, 1982

[BEBE00a] Bebendorf, M.: Approximation of boundary element matrices. In: Numerische Mathematik. 86. Jg., 2000, Nr. 4, S. 565-589

[BEBE00b] Bebendorf, M.; Rjasanow, S.: Matrix compression for the radiation heat transfer in exhaust pipes. In: Wendland, W.; Sändig, A.; Schiehlen, W. (Hrsg.): Multifield Problems. State of the Art. Berlin: Springer, 2000, S. 183-192

[BEBE03] Bebendorf, M.; Rjasanow, S.: Adaptive Low-Rank Approximation of Collocation Matrices. In: Computing. 70. Jg., 2003, S. 1-24

[BEBE06] Bebendorf, M.; Grzhibovskis, R.: Accelerating Galerkin BEM for linear elasticity using adaptive cross approximation. In: Mathematical Methods in the Applied Sciences. 29 Jg., 2006, Nr. 14, S. 1721-1747

[BEHR97] Behrens, A.; Landgrebe D.: Berechnung statischer und dynamischer Matrizenbelastungen mit der FEM. In: Umformtechnik. 31. Jg., 1997, Nr. 2, S. 36-39

[BEHR06] Behrens, B.; Koblitz, R.; Gue, J.: Einsatz von Simulationssystemen zur genaueren Auslegung von Schmiedewerkzeugen. In: Schmiede Journal. 2006, S. 14-17

[BERN06] Bernhardt, R.; Christoffel, T.; Heizmann, J.; Janscheck, P.; Barz, O.; Bauer-Partenheime, K.; Krämer, J.; Lutz, M.; Porr, M.; Stockhausen, A.: Simulation in der Massivumformung. In: Info-Reihe Massivumformung. 2006, S. 6-43

[BIBA99] Biba, N.; Stebounov, S.; Mutinga, H.: Schmiedesimulation mit QForm. In: Schmiede Journal. 1999, September, S. 44

[BOUM13] Boumaiza, D.; Aour, B.: On the effectiveness of the coupling FEM-BEM approach for solving the elasto-plastic problems. In: Proceedings of 5th International Conference on Modeling, Simulation and Applied Optimization (ICMSAO). Hammamet, Tunesien, 28.-30. April 2013. New York, USA: IEEE, 2013, S.1-6

[BOUM14] Boumaiza, D.; Aour, B.: On the efficiency of the iterative coupling FEM-BEM for solving the elasto-plastic problems. In: Engineering Structures. 72. Jg., 2014, S. 12-25

[BOUR91] Bourmanne, P.; Delince, F.; Genon, A.; Legros, W.; Nicolet, A.: Corner Modelization for FEM-BEM Coupling. In: IEEE Transactions on magnetics. 27. Jg., 1991, Nr. 5, S. 4110-4113

[BRAD81] Brady, B.; Wassyng, A.: A coupled Finite-Element-Boundary Element Method of Stress Analysis. In: International Journal of Rock Mechanics and Mining Sciences. 18. Jg., 1981, Nr. 6, S. 475-485

[BREC07] Brecher, C.; Schapp, L.; Tannert, M.: Gekoppelte Simulation von Presse und mehrstufigem Massivumformprozess. In: 12. Dresdner Werkzeugmaschinen-Fachseminar zur Simulation von Umformprozessen unter Einbeziehung der Maschinen- und Werkzeugeinflüsse. Dresden, 6.-7. Dezember 2007. Dresden: DWM e. V., 2007

[BREC08] Brecher, C.; Schapp, L.; Tannert, M.: Simulation-Aided Optimization of Multi-Stage Dies - Coupled Simulation of Forging Processes with Non-Linear-Elastic Machine Models. In: Proceedings of 1st International Conference on Process Machine Interactions. Hannover, 3.-4. September 2008. Garbsen: PZH Verlag; 2008, S. 167-174

[BREC09] Brecher, C.; Esser, M.; Witt, S.: Interaction of Manufacturing Process and Machine Tool. In: CIRP Annals - Manufacturing Technology. 58. Jg., 2009, Nr. 2, S. 588-607

[BREC10] Brecher, C.; Klein, W.; Tannert, M.: Optimization of multi-stage closed-die forging process by coupled simulation of the machine and the forging processes. In: Production Engineering. Research and Development. 4. Jg., 2010, Nr. 2/3, S. 279-286

[BREC12] Brecher, C.; Bäumler, S.; Tannert, M.; Bakarinow, K.: Modeling of machine and tool elasticity in coupled forging simulation. In: Proceedings of 13th round table. Simulation in der Umformtechnik. Bamberg, Deutschland, 23.-26. April 2012. Hamburg: Simufact Engineering GmbH, 2012, S. 323-341

[BUCH02] Buchmayr, B.: Werkstoff- und Produktionstechnik mit Mathcad. Modellierung und Simulation. Berlin: Springer, 2002

[CAST04] Castro, C. F.; Antonio, C. A. C.; Sousa, L. C.: Optimization of shape and process parameters in metal forging using genetic algorithms. In: Journal of Materials Processing Technology. 146. Jg., 2004, S. 356-364

[CHAK13] Chakmakov, G.; Friedrich, M.: Shape Optimization for Life Cycle Increase and Weight Reduction of Engine Components Using Tosca Structure and ANSA. In: Proceedings of 5th ANSA & μETA International Conference. Thessaloniki, Greece, 5.-7. June 2013. Session 2B

[CHANG92] Chang, K.; Choi, K.: A Geometry-Based Parameterization Method for Shape Design of Elastic Solids. In: Mechanics of Structures and Machines. 20. Jg., 1992, S. 215-252

[CHEN04] Chen, X.; Balendra, R.; Qin Y.: A new approach for the optimization of the shrink-fitting of cold-forging dies. In: Journal of Materials Processing Technology. 145. Jg., 2004, S. 215-223

[CHEN11] Chenot, J.-L.; Bouchard, P.-O.; Fourment, L.; Lasne, P.: Numerical Simulation and Optimization of the Forging Process. In: Proceedings of the 12th International Cold Forging Congress. Stuttgart, Germany, 19. May 2011. Stuttgart, Germany: Institute for Metal Forming Technology University of Stuttgart (Veranst.), S.57-63

[CIRI10] Ciric, I. R.; Maricaru, M.; Hantila, I. F.; Marinescu, S.: Iterative FEM-BEM Technique for an Efficient Computation of Magnetic Fields in Regions with Ferromagnetic Bodies. In: Proceedings of XIX International Conference on Electrical Machines. Rom, Italien, 06.-08. September 2010. New York, USA: IEEE, 2010, S.1-6

[CITA14] Citarella, R.; Cricri, G.; Lepore, M.; Perrella, M.: Assessment of Crack Growth from a Cold Worked Hole by Coupled FEM-DBEM Approach. In: Key Engineering Materials. 577.-578. Jg., 2014, S. 669-672

[DASS14a] Dassault Systemes, Simulia: Abaqus Analysis User's Manual. Velizy-Villacoublay Cedex, Frankreich, 2014. Firmenschrift

[DASS14b] Dassault Systemes, Simulia: Tosca Structure Documentation 8.0.1. Karlsruhe, Deutschland 2014. Firmenschrift

[DEB00] Deb, K.: Optimization for engineering design. Algorithms and examples. New Delhi: Prentice-Hall of India, 2000

[DEUT11] Deutsche Edelstahlwerke: Cr-Mn-legierter Einsatzstahl 1.7131/1.7139 16MnCr5/16MnCrS5. Witten, 2011. Firmenschrift

[DIN88a] Norm DIN 55189 Teil 1 (Dezember 1988). Werkzeugmaschinen; Ermittlung von Kennwerten für Pressen der Blechverarbeitung bei statischer Belastung; Mechanische Pressen

[DIN88b] Norm DIN 55189 Teil 2 (Dezember 1988). Werkzeugmaschinen; Ermittlung von Kennwerten für Pressen der Blechverarbeitung bei statischer Belastung; Hydraulische Pressen

[DIN03a] Norm DIN 8580 (September 2003). Fertigungsverfahren. Begriffe, Einteilung

[DIN03b] Norm DIN 8582 (September 2003). Fertigungsverfahren Umformen. Einordnung, Unterteilung, Begriffe, Alphabetische Übersicht

[DIN03c] Norm DIN 8583 Teil 6 (September 2003). Fertigungsverfahren Druckumformen. Durchdrücken, Einordnung, Unterteilung, Begriffe

[DIN10] Norm DIN ISO 286 Teil 1 (November 2010). Geometrische Produktspezifikation (GPS). ISO-Toleranzsystem für Längenmaße. Grundlagen für Toleranzen, Abmaße und Passungen

[DOEG10] Doege, E.; Behrens, B.: Handbuch Umformtechnik. Grundlagen, Technologien, Maschinen. 2. Aufl. Berlin: Springer, 2010

[EBE09] Ebert, A.: Berücksichtigung der elastischen Werkzeugdeformation im Bereich der Massivumformung am Beispiel Gesenkschmieden. Diss. TU Chemnitz, 2009

[ELLE09] Elleithy, W.; Grzhibovskis, R.: An adaptive domain decomposition coupled finite element-boundary element method for solving problems in elasto-plasticity. In: International Journal for Numerical Methods in Engineering. 79. Jg., 2009, Nr. 8, S. 1019-1040

[ENGE94] Engel, U.: Prediction of Tool Failure From Probabilistic Point of View, In: Journal of Materials Processing Technology. 42. Jg., 1994, S. 1-13

[ENGE90] Engel, U.; Hänsel, M.: FEM-Simulation of Fatigue Crack Growth in Cold Forging Dies. In: Proceedings of the 3rd International Conference on Technology of Plasticity. Kyoto, Japan, 1.-6. July 1990. Tokyo, Japan: Japan Society for Technology of Plasticity, 1990, S. 355-360

[ENGE07] Engel, U.; Kroiß, T.; Völkl, R.: Berechnung der Wechselwirkungen zwischen Umformmaschine und -prozess auf Basis der Integration eines Pressenmodells in die FE-Fließpress-Simulation. In: Tagungsband zum 12. Dresdner Werkzeugmaschinen-Fachseminar zur Simulation von Umformprozessen unter Einbeziehung der Maschinen- und Werkzeugeinflüsse. Dresden, 6.-7. Dezember 2007. Dresden: DWM e. V., 2007

[ESTO05] Estorff, O.; Rjasanow, S.; Stolper, M.; Zaleski, O.: Two efficient methods for a multifrequency solution of the Helmholtz equation. In: Computing and Visualization in Science. 8. Jg., 2005, Nr. 3-4, S. 159-167

[FALK00] Falk, B.: Simulationsbasierte Lebensdauervorhersage für Werkzeuge der Kaltmassivumformung. Diss. Friedrich-Alexander-Universität Erlangen-Nürnberg, 2000

[FALK01] Falk, B.; Engel, U.; Geiger, M.: Fundamental aspects for the evaluation of the fatigue behavior of cold forging tools. In: Journal of Materials Processing Technology. 119. Jg., 2001, S. 158-164

[FEDE15] FE-Design. URL: http://www.fe-design.de/en/products/tosca-structure/shape/ [Stand 29.01.2015]

[FLEC12] Fleck, M.; Grzhibovskis, R.; Rjasanow, S.: A New Fundamental Solution Method Based on the Adaptive Cross Approximation. Preprint Nr. 322. Universität des Saarlandes, 2012

[FORG14] Forge Technology, Inc.: Die Stress, Example of die stress simulation benefits. URL: http://www.forgetechnology.com/die [Stand 23.09.14]

[FRIT07] Fritz, H.; Schulze, G.: Fertigungstechnik. 8. Aufl. Berlin: Springer, 2007

[FU95] Fu, M.; Shang, B.: Stress analysis of the precision forging die for a bevel gear and its optimal design using the boundary-element method. In: Journal of Materials Processing Technology. 53. Jg., 1995, Nr. 3-4, S. 511-520

[FU08] Fu, M.; Yong, M.; Muramatsu, T.: Die fatigue life design and assessment via CAE simulation. In: The International Journal of Advanced Manufacturing Technology. 35. Jg., 2008, Nr. 9-10, S. 843-851

[FU09] Fu, M.; Lu, J.; Chan, W. L.: Die fatigue life improvement through the rational design of metal-forming system. In: Journal of materials processing technology. 209. Jg., 2009, Nr. 2, S. 1074-1084

[GCFG14] German Cold Forging Group. URL: http://www.gcfg.org/ [Stand 23.09.2014]

[GEIG01] Geiger, M.; Falk, B.: Prediction of service life and failure probability of cold forging tools. In: CIRP Annals - Manufacturing Technology. 50. Jg., 2001, Nr. 1, S. 173-176

[GEIG08] Geiger, M.; Arbak, M.; Engel, U.: Material adapted tool design in cold forging exemplified by powder metallurgical tool steels and industrial ceramics. In: Production Engineering. 2. Jg., 2008, Nr. 4, S. 409-415

[GODI13a] Godinhoa, L.; Soares, D.: Frequency domain analysis of interacting acoustic-elastodynamic models taking into account optimized iterative coupling of different numerical methods. In: Engineering Analysis with Boundary Elements. 37. Jg., 2013, Nr. 7/8, S. 1074-1088

[GODI13b] Godinhoa, L.; Amado-Mendesa, P.; Pereiraa, A.; Soares, D.: A coupled MFS-FEM model for 2-D dynamic soil-structure interaction in the frequency domain. In: Computers & Structures. 129. Jg., 2013, S. 74-85

[GOLB96] Golberg, M.; Chen, C.: Discrete projection methods for integral equations. Southampton: Computational Mechanics Publications, 1996

[HAGE11] Hagen, A.; Schafstall, H.: Spannungsspitzen simuliert. In: Umformtechnik. 45. Jg., 2011, Nr.1, S.24-26

[HALO12] Halouani, A.; Li, Y.M.; Abbès, B.; Guo, Y. Q.; Meng, F. J.; Labergère, C.; Lafon, P.: Optimization of forging preforms by using Pseudo Inverse Approach. In: Key Engineering Materials. 504.-506. Jg., 2012, S. 613-618

[HERB13] Herbertz, R.; Hermanns, H.; Labs, R.: Massivumformung kurz und bündig. In: Volz, H. U. (Hrsg.): Deutsche Massivumformung. 1. Aufl. Hagen: Industrieverband Massivumformung e.V., 2013

[HERM00] Hermann, M.; Fiderer, M.: Simulierte Massivumformung. In: Werkstatt und Betrieb. 133. Jg., 2000, S. 62-64

[HETT90] Hettig, A.: Einflußgrößen auf den Werkzeugbruch beim Voll-Vorwärts-Fließpressen. (IFU - Berichte aus dem Institut für Umformtechnik der Universität Stuttgart, Bd. 106). Stuttgart: Springer, 1990

[HEYD05] Heyder, K.: Experimentelle und numerische Untersuchung der dreidimensionalen Ermüdungsrissausbreitung. Stuttgart: ibidem, 2005

[HIRS01] Hirschvogel Umformtechnik GmbH: Massivumformtechniken für die Fahrzeugindustrie. Verfahren, Werkstoffe und Entwicklungen. (Reihe: Die Bibliothek der Technik, Bd. 213). 1. Aufl. Landsberg/Lech: Moderne Industrie, 2001

[HOCK83] Hock, W.; Schittkowski, K.: A Comparative Performance Evaluation of 27 nonlinear Programming codes. In: Computing. 30. Jg., 1983, S. 335

[HOTT12] Hottinger Baldwin Messtechnik GmbH: Dehnungsmessstreifen und Zubehör. Darmstadt, 2012. Firmenschrift

[JACO14] Jacobs, G.: Maschinengestaltung: Vorlesungsumdruck. Aachen: Günter Mainz, 2014

[JANS06] Jansson, T.; Nilsson, L.: Optimizing sheet metal forming processes-Using a design hierarchy and response surface methodology. In: Journal of Materials processing technology. 178. Jg., 2006, Nr. 1-3, S. 218-233

[JUN07] Jun, B.; Kang, S.; Lee, M.; Park, R.; Joun, M.: Prediction of geometric dimensions for cold forgings using the finite element method. In: Journal of Materials Processing Technology. 189. Jg., 2007, S. 459-465

[JUST07] Just, H.; Kolbe, M.; Wagner, A.: Einbeziehung der Maschinen in die Umformsimulation. Schritt in die richtige Richtung. In: Tagungsband zum 12. Dresdner Werkzeugmaschinen-Fachseminar zur Simulation von Umformprozessen unter Einbeziehung der Maschinen- und Werkzeugeinflüsse. Dresden, 6.-7. Dezember 2007. Dresden: DWM e. V., 2007, S. 155-159

[KALP89] Kalpakjian, S.: Manufacturing Engineering and Technology. Boston: Addison Wesley Publishing Company, 1989

[KALW11] Kalweit, A.; Paul, C.; Peters, S.; Wallbaum R.: Handbuch für Technisches Produktdesign. Material und Fertigung. Berlin: Springer, 2011

[KANG95] Kang, D.: Finite-Elemente-Simulation von Massivumformvorgängen mit Berücksichtigung des Kontaktproblems und der radialen Anisotropie. Diss. Universität Stuttgart, 1995

[KITA88] Kitagawa, T.: On the numerical stability of the method of fundamental solution applied to the Dirichlet problem. In: Japan Journal of Industrial and Applied Mathematics. 5. Jg., 1988, Nr. 1, S. 123-133

[KLEI12] Klein, B.: FEM. Grundlagen und Anwendungen der Finite-Element-Methode im Maschinen- und Fahrzeugbau. In: Klein, B. (Hrsg.): FEM. 9. Aufl. Berlin: Vieweg, 2012

[KLOC06] Klocke, F.: Fertigungsverfahren 4 - Umformen.(Reihe: Fertigungsverfahren, Bd. 4). 5. Aufl., Berlin, Heidelberg: Springer, 2006

[KLOC14] Klocke, F.; Heinen, D.; Schongen, F.; Arntz, K.; Liu, Y.; Bäcker, V.; Feldhaus, B.: Wear protection of deep drawing tools by systematic optimization of highly stressed surfaces. In: Advanced Materials Research. 907. Jg., 2014, S. 439-453

[KOCH08] Koch, J.: Effective Stochastic Simulation for the Optimization of Time, Costs and Quality in Cold Forging. In: International Journal of Material Forming. 1. Jg., 2008, Nr. 1, S. 9-12

[KOLK05] Kolk, K.: Automatische 3D-Rissfortschrittssimulation und Berücksichtigung von 3D-Effekten und Anwendung schneller Randelementformulierung. (VDI Reihe: Mechanik / Bruchmechanik, Bd. 18). Düsseldorf: VDI, 2005

[KOLL99] Kolleck, R.: Finite-Element-Simulation wirkmedienbasierter Blechumformverfahren als Teil einer virtuellen Fertigung. Diss. TU Dortmund, 1999

[KOPP94] Kopp, R.: Gute Ergebnisse - Simulationsprogramme optimieren das Massivumformen und steigern die Produktqualität. In: Maschinenmarkt. 100. Jg., 1994, Nr. 37, S. 1-3

[KOPP99] Kopp, R.; Wiegels, H.: Einführung in die Umformtechnik. 2. Aufl. Aachen: Mainz, 1999

[KROI08] Kroiß, T.; Völkl, R.; Engel, U.; Geiger, M.: Modeling of Process-Tool-Machine Interactions in Cold Forging. In: Proceedings of 1st International Conference on Process Machine Interactions. Hannover, 3.-4. September 2008. Garbsen: PZH, 2008, S. 175-182

[KROI12] Kroiß, T.: Modellbasierte Prozessauslegung für die Kaltmassivumformung unter Berücksichtigung der Werkzeug- und Pressenauffederung. Diss. Friedrich-Alexander-Universität Erlangen-Nürnberg, 2012

[KROI13a] Kroiß, T.: Optimization of Tool and Process Design for the Cold Forging of Net-Shape Parts by Simulation. In: Denkena, B., Hollmann F. (Hrsg.): Process Machine Interactions. Berlin, Heidelberg: Springer, 2013, S. 419-437

[KROI13b] Kroiß, T.; Engel, U.; Merklein, M.: Comprehensive Approach for Process Modeling and Optimization in Cold Forging Considering Interactions between Process, Tool and Press. In: Journal of Materials Processing Technology. 213. Jg., 2013, Nr. 7, S. 1118-1127

[KRUS05] Krusic, V.; Arentoft, M.; Rodic, T.: The impact of a mechanical press on the accuracy of products and the reliability of tools in cold forging. In: Kuzman, K. (Hrsg.): Tagungsband zur International Conference on Industrial Tools. Velenje, Slowenien, 12.-15. April 2005. S. 35-41

[KRUS11] Krusic, V.; Arentoft, M.; Masera, S.; Pristovsek, A.; Rodic, T.: A combined approach to determine workpiece-tool-press deflections and tool loads in multistage cold-forging. In: Journal of Materials Processing Technology. 211. Jg., 2011, Nr. 1, S. 35-42

[KUPR63] Kupradze, V.; Aleksidze, M.: An approximate method of solving certain boundary-value problems. In: Soob\v s\v c. Akad. Nauk Gruzin. SSR. 30. Jg., 1963, S. 529-536

[KURZ97a] Kurz, S.; Fetzer, J.; Lehner, G.: A novel iterative algorithm for the nonlinear BEM-FEM coupling method. In: IEEE Transactions on Magnetics. 33. Jg., 1997, Nr. 2, S. 1772-1775

[KURZ97b] Kurz, S.; Fetzer, J.; Lehner, G., Rucker, W.: Die BEM-FEM-Kopplungsmethode zur Behandlung dreidimensionaler nichtlinearer Abschirmungsprobleme niederfrequenter Felder am Beispiel des TEAM Problems 21. In: Electrical Engineering. 80. Jg., 1997, S. 91-103

[KURZ07] Kurz, S.; Rain, O.; Rjasanow, S.: Fast Boundary Element Methods in Computational Electromagnetism. In: Schanz, M.; Steinbach, O. (Hrsg.): Boundary Element Analysis: Mathematical Aspects and Applications. Berlin, Heidelberg: Springer, 2007, S. 249-279

[LANG85] Lange, K.; Pöhlandt, K; Raghupathi, R.; Saniter, J.; Sauer, W.; Schey, J.; Weinmann, K.; Widera, G.: Handbook of metalforming. In: Lange, K. (Hrsg.): Handbook of metalforming. 1. Aufl. Dearborn: Society of Manufacturing Engineers, 1985

[LANG88] Lange, K.: Umformtechnik. Handbuch für Industrie und Wissenschaft. (Reihe: Massivumformung, Bd. 2). 2. Aufl. Berlin: Springer, 1988

[LANG93] Lange, K.: Umformtechnik. Handbuch für Industrie und Wissenschaft. (Reihe: Sonderverfahren, Prozeßsimulation, Werkzeugtechnik, Produktion, Bd. 4). 2. Aufl. Berlin, Heidelberg: Springer Verlag, 1993

[LANG08] Lange, K.; Kammerer, M.; Pöhlandt, K.; Schöck, J.: Fließpressen. 1. Aufl. Berlin: Springer, 2008

[LEE02a] Lee, Y.; Lee, J.; Choi, J.; Ishikawa, T.: Experimental and analytical evaluation for elastic deformation behaviors of cold forging tool. In: Journal of Materials Processing Technology. 2002, Nr. 127, S. 73-82

[LEE02b] Lee, Y.; Lee, J.; Ishikawa, T.: Analysis of the elastic characteristics at forging die for the cold forged dimensional accuracy. In: Journal of Materials Processing Technology. 2002, Nr. 130-131, S. 532-539

[LIEW11] Liewald, M.; Felde, A.; Völkl, R.; Messner, G.; Meidert, M.; Gensert, H.: Stand der Forschung und Entwicklung im Bereich der Verfahren der Kaltmassivumformung in Europa. In: UTFscience. 2011, Nr. 4, S. 1-32

[MATS88] Matsuoka, F.: Calculation of three dimensional eddy current by FEM-BEM coupling method. In: IEEE Transactions on Magnetics. 24. Jg., 1988, Nr.1, S.182-185

[MESK05] Meske, R.; Sauter, J.; Schnack, E.: Nonparametric gradient-less shape optimization for real-world applications. In: Structural and Multidisciplinary Optimization. 30. Jg., 2005, Nr. 3, S. 201-218

[MOEL98] Möller, W.: Virtuelle Umformprozesse im Rechner ersparen teure Probeläufe. In: Industrie-Anzeiger. Nr. 42, 1998

[MORR82] Morris, A.: Foundations of Structural Optimization: A Unified Approach. New Jersey: John Wiley & Sons, 1982

[NAGT73] Nagtegall, J.: A New Approach to Optimal Design of Elastic Structures. In: Computer Methods in Applied Mechanics and Engineering. 1973, Nr. 2, S. 255-264

[NEUB01] Neuber, H.: Kerbspannungslehre. Theorie der Spannungskonzentration. Genaue Berechnung der Festigkeit. 4. Aufl. Berlin: Springer, 2001

[NONE12] Noneder, J.; Merklein, M.; Engel, U.; Egerer, E.; Frank, J.; Frank, M.; Ritzenhoff, R.; Diehl, V.: Hochleistungsbauteile durch Kaltmassivumformung hochfester, druckaufgestickter Stähle. In: UTFscience. 2012, Nr. 3, S. 1-28

[OCHI84] Ochiai, Y.; Yamamoto, H.: Application of Boundary Element Method to Cold Forging Die Design. In: Mechanics research communications. 11. Jg., 1984, Nr. 2, S.155-160

[ODUG05] Oduguwa, V.; Tiwari, A.; Roy, R.: Evolutionary computing in manufacturing industry: an overview of recent applications. Application Reviews. In: Applied Soft Computing. 5. Jg., 2005, Nr. 3. S. 281-299

[OU12] Ou, H; Wang P.; Lu, B.; Long, H.: Finite element modelling and optimization of net-shape metal forming processes with uncertainties. In: Computers and Structures. 90.-91. Jg., 2012, S. 13-27

[POEH82] Pöhlandt, K.; Nester, W.: Methods of Determining Stress-Strain Curves by Upsetting Cylindrical Test-Pieces. In: Z. Werkstofftechnik. 13. Jg., 1982, S. 116-119

[POEH03] Pöhlandt, K.: Werkzeuge der Kaltmassivumformung. In: Werkzeuge der Kaltmassivumformung. Grundlagen und Praxis. (Reihe: Kontakt & Studium, Bd. 581). 2. Aufl. Renningen: Expert, 2003

[RJAS07] Rjasanow, S.; Steinbach, O.: The Fast Solution of Boundary Integral Equations. (Reihe: Springer Series in Mathematical and Analytical Technology with Applications to Engineering). Berlin-Heidelberg: Springer, 2007

[ROLL07] Roll, K.: Simulation der Blechumformung. Neue Anforderungen und Tendenzen. In: Tagungsband 12. Dresdner Werkzeugmaschinen-Fachseminar zur Simulation von Umformprozessen unter Einbeziehung der Maschinen- und Werkzeugeinflüsse. Dresden, 6.-7. Dezember 2007. Dresden: DWM e. V., 2007, S. 7-20

[ROY08] Roy, R.; Hinduja, S.; Teti, R.: Recent advances in engineering design optimisation. In: CIRP Annals. 57. Jg., 2008, Nr. 2, S. 697-715

[SAAD86] Saad, Y.; Schultz, M. H.: GMRES: A generalized minimal residual algorithm for solving nonsymmetric linear systems. In: SIAM Journal on Scientific Computing (SISC). 7. Jg., 1986, Nr. 3, S. 856-869

[SAUT03] Sauter, S.; Schwab, C.: Randelementmethoden: Analyse, Numerik und Implementierung schneller Algorithmen. Wiesbaden: Vieweg+Teubner, 2003

[SCHA08] Schapp, L. O.: Gekoppelte Simulation von Maschine und Prozess in der Massivumformung. Diss. RWTH Aachen University, 2008

[SCHE70] Schey, J.: Metal deformation process. Friction and lubrication. In: Sonin, A.; Bunshah, R. (Hrsg.): Monographs and Textbooks in Material Science, Bd. 1. New York: Marcel Dekker, 1970

[SCHE77] Schey, J.: Introduction to Manufacturing Processes. New York: McGraw-Hill, 1977

[SCIE14] Scientific Forming Technologies Corporation: DEFORM-F3. Columbus, 2014. Firmenschrift

[SEVE14] Severin, F.: Massiver Leichtbau. Potenziale massivumgeformter Komponenten. In: Info-Reihe Massivumformung (Hrsg.): Industrieverband Massivumformung. 1. Aufl. Hagen: Infostelle Industrieverband Massivumformung, 2014

[SMYR04] Smyrlis, Y.; Karageorghis, A.: Numerical analysis of the MFS for certain harmonic problems. In: ESAIM: Mathematical Modelling and Numerical Analysis. 38. Jg., 2004, Nr. 3, S. 495-517

[SMYR09] Smyrlis, Y.: Applicability and applications of the method of fundamental solutions. In: Journal of Computational Mathematics. 78. Jg., 2009, Nr. 267, S. 1399-1434

[SPAL03] Spall, J.: Introduction to stochastic search and optimization. Estimation, simulation, and control. Hoboken, N.J.: Wiley-Interscience, 2003

[SPIT92] Spittel, T.; Spittel, M.: Fließspannung und Umformvermögen einiger Stähle von Sidmar. Unveröff. Bericht für Mannesmann Demag Sack. Düsseldorf: 1992

[SPUR84] Spur, G.; Stöferle, T: Handbuch der Fertigungstechnik. (Reihe: Umformen, Bd. 2). München: Hanser, 1984

[STEI03] Steinbach, O.: Numerische Näherungsverfahren für elliptische Randwertprobleme: Finite Elemente und Randelemente (Advances in Numerical Mathematics). Wiesbaden: Vieweg+Teubner, 2003

[STOK05] Stok, B.; Mole, N.: Coupling FEM and BEM for computationally efficient solutions of multi-physics and multi-domain problems. In: International Journal for Computer-Aided Engineering and Software. 22. Jg., 2005, Nr. 5/6, S. 711-738

[SU94] Su, J.: Auslegung von Fließpressmatrizen mit der Boundary-Element-Methode im Verbund mit CAD-Systemen. Diss. TU Stuttgart, 1994

[TAKA90] Takahashi, S.; Brebbia, C. A.: Forging Die Stress Analysis Using Boundary Element Method. In: Proceedings of the 3rd International Conference on Technology of Plasticity (ICTP). Kyoto, Japan, 01.-06. July 1990. Tokyo: Japan Society for Technology of Plasticity, 1990, S. 203-210

[TANN09] Tannert, M.: Optimierung von Mehrstufenwerkzeugen durch gekoppelte Simulation von Maschine und Prozess. Abschlussbericht. Werkzeugmaschinenlabor WZL der RWTH Aachen, 2009

[TEKK98] Tekkaya, A. E.: Status and developments in the simulation of forming processes. In: Wire Journal International. 48. Jg., Nr. 1, 1998, S. 31-36

[TEKK09] Tekkaya, A. E.; Martins, P.: Accuracy, reliability and validity of finite element analysis in metal forming: a user's perspective. In: International Journal for Computer-Aided Engineering and Software. 26. Jg., Nr. 8, 2009, S.1026-1055

[TLUS99] Tlusty, G.: Manufacturing Processes and Equipment. New Jersey: Prentice Hall, 1999

[TRAN14] Transvalor: COLDFORM-Übersicht, Simulation von Kaltumformung. URL: http://www.transvalor.com/de/cmspages/coldform.5.html [Stand 23.09.14]

[VAND79] Vanderplaats, G.: Approximation Concepts for Numerical Airfoil Optimization. In: NASA Technical Paper, 1979, Nr. 1370

[VAZQ00] Vazquez, V.: Tool life in cold forging - an example of design improvement to increase service life. In: Journal of Materials Processing Technology. 98. Jg., 2000, S. 90-96

[VDI98] Richtlinie VDI 3138 Blatt 1 (März 1998). Kaltfließpressen von Stählen und NE-Metallen. Grundlagen

[VOEL04] Völkl, R.; Schafstall, H.: FEM-gestützte Beanspruchungsanalyse - Erhöhung der Lebensdauer von Kaltmassiv-Umformwerkzeugen. In: Umformtechnik. 38. Jg., 2004, Nr. 1, S. 58-60

[VOEL08] Völkl, R.: Stochastische Simulation zur Werkzeuglebensdaueroptimierung. Diss. Friedrich-Alexander-Universität Erlangen-Nürnberg, 2008

[VOLL13] Vollrath, K.: Simulation in der Massivumformung. In: Info-Reihe Massivumformung (Hrsg.): Industrieverband Massivumformung. 1. Aufl. Hagen: Infostelle Industrieverband Massivumformung, 2013

[WAGN12] Wagner, K.: Beanspruchungsangepasste Kaltmassivumformwerkzeuge durch lokal optimierte Werkzeugoberflächen. Diss. Friedrich-Alexander-Universität Erlangen-Nürnberg, 2012

[WALT97] Walters, J.; Wu, W.; Kurtz, S.; Tang, J.: The "state of the art" in cold forming simulation. In: Journal of Materials Processing Technology. 71. Jg.,1997, Nr. 1, S. 64-70

[WEST10] Westkämper, E.; Warnecke, H.; Dinkelmann, M.; Haag, H.: Einführung in die Fertigungstechnik. 8. Aufl. Berlin: Vieweg, 2010

[WOHL12] Wohlmuth, M.; Schafstall, H.: Ganzheitliche Betrachtung der Fertigungskette von Kaltmassivbauteilen durch Prozesssimulation. In: Tagungsband zum 27. Jahrestreffen der Kaltmassivumformer. Düsseldorf, Deutschland, 15.-16. Februar 2012. Düsseldorf, Deutschland: VDI Wissensforum GmbH, 2012, S.115-124

[YABI12] Yabing, K.; Honglang, L.; Shitang H.: Fast FEM/BEM Simulation of Non-periodic SAW Structures. In: Proceedings of International Ultrasonics Symposium. Dresden, Deutschland, 07.-10. Oktober 2012. Dresden, Deutschland: Leibniz Institute for Solid State and Materials Research (Veranst.), S. 815-818

[YAO89] Yao, T.-M.; Choi, K.: 3-D Shape Optimal Design and Automatic Finite Element Regridding. In: International Journal for Numerical Methods in Engineering. 28. Jg., 1989, Nr. 2, S. 369-384

[YU09] Yu, B.; Wang, J.; Sun, X.: A Bi-Boundary FEM-BEM Approach for Open Structure Optical Waveguide Problems. In: Journal of lightwave technology. 27. Jg., 2009, Nr. 14, S. 2765-2770

[ZHAO11] Zhao, Z.; Matt, A.; Hu, C.-L.; Ritter, O.; Gao, C.-H.: Integrated optimization for multi-stage forging process based on FE simulation. In: Proceedings of the 12th International Cold Forging Congress. Stuttgart, Germany, 19. May 2011. Stuttgart, Germany: Institute for Metal Forming Technology University of Stuttgart (Veranst.), S. 49-55

[ZIEN06] Zienkiewicz, O.; Taylor, R.; Nithiarasu, P.: The Finite Element Method for Fluid Dynamics. 3. Aufl. Oxford: Butterworth-Heinemann, 2006

[ZIEN77] Zienkiewicz, O.C.; Kelly, D.W.; Bettess, P.: The coupling of the finite element method and boundary solution procedures. In: International Journal for Numerical Methods in Engineering. 11. Jg., 1977, Nr. 2, S. 355-375

Kolibri 360 GmbH
Ferdinand-Jühlke-Straße 7
99095 Erfurt, Deutschland
produktsicherheit@kolibri360.de